Nouveau
Cahier du jour
Cahier du soir

6e

11-12 ans

Maths

Auteurs
Annie Le Goff
Françoise Peynaud
Professeurs de Mathématiques au collège

W0337583

MAGNARD

Présentation

Un cahier complet

- **Ce cahier de Mathématiques, destiné aux élèves de 6e, est conforme aux derniers programmes.**

Il reprend toutes les notions et couvre tous les domaines :

– Nombres et calculs

– Espace et géométrie

– Grandeurs et mesures

- **La rubrique « J'observe et je retiens »** propose toutes les **règles** accompagnées d'**exemples**, avec des **astuces** pour tout comprendre.

- **La rubrique « Je m'entraîne »** propose des **exercices progressifs** pour réinvestir les acquisitions. Ils sont classés par niveau de difficulté (de ★ à ★★★).

- À la fin de chaque page, l'enfant est invité à **s'auto-évaluer**.

→ Les corrigés détachables sont situés au centre du cahier.

Un mémento visuel

Un mémento avec l'essentiel à retenir en Mathématiques 6e :
pour une mémorisation visuelle efficace !

→ À détacher au centre du cahier et à conserver toute l'année.

Achevé d'imprimer en France par Imprimerie IPS
Dépôt légal : Décembre 2018 – N° éditeur : MAGSI20191129

POUR LE CAHIER :
Illustration de couverture : Anne Guillard – **Conception graphique (couverture)** : Yannick Le Bourg et Raphaël Hadid – **Mise en pages :** Linéale – **Cartographie :** Valérie Goncalves, Marie-Christine Liennard, Christel Parolini

POUR LE MÉMENTO VISUEL DÉTACHABLE :
Mise en pages : Linéale

© Éditions Magnard, 2019, Paris.
www.joursoir.fr

Aux termes du Code de la propriété intellectuelle, toute reproduction ou représentation intégrale ou partielle de la présente publication, faite par quelque procédé que ce soit (reprographie, microfilmage, scannérisation, numérisation...) sans le consentement de l'auteur ou de ses ayants droit ou ayants cause est illicite et constitue une contrefaçon sanctionnée par les articles L. 335-2 et suivants du Code de la propriété intellectuelle.
L'autorisation d'effectuer des reproductions par reprographie doit être obtenue auprès du Centre Français d'exploitation du droit de la Copie (CFC) 20, rue des Grands-Augustins – 75006 PARIS – Tél. : 01 44 07 47 70 – Fax : 01 46 34 67 19

DANGER LE PHOTOCOPILLAGE TUE LE LIVRE

Sommaire

NOMBRES ET CALCULS

ESPACE ET GÉOMÉTRIE

GRANDEURS ET MESURES

Mémento visuel détachable

Corrigés détachables au centre du cahier

1 Les nombres entiers naturels

➜ Corrigés p. I

J'observe et je retiens

■ Pour **lire** un nombre dans un **tableau de numération**, on lit successivement les groupes de chiffres de chaque classe.

Exemple La distance entre Pluton et le Soleil est de cinq-**milliards**-neuf-cents-**millions** de kilomètres. Le diamètre de Vénus est de douze-**mille**-cent-quatre kilomètres.

Classe des milliards			Classe des millions			Classe des mille			Classe des unités			Écriture en lettres
c	d	u	c	d	u	c	d	u	c	d	u	
		5	9	0	0	0	0	0	0	0	0	Cinq-milliards-neuf-cents-millions
							1	2	1	0	4	Douze-mille-cent-quatre unités

■ La **valeur d'un chiffre** dépend de la position qu'il occupe dans les colonnes de chaque classe.

Exemple 2 320 640 304 se lit :

2 milliards **320 millions** **640 mille** 304 (unités).

Rappel
- Le premier chiffre 2 à gauche du nombre est le chiffre des unités de milliards.
- Le second chiffre 2 situé entre les chiffres 3 et 0 est le chiffre des dizaines de millions.

Je m'entraîne

1 ★ **Pour le nombre 2 320 640 304, dis ce que représente chaque chiffre 3.**

a. Le premier chiffre 3 à gauche du nombre est le chiffre ....

b. Le second chiffre 3 est le chiffre ....

2 ★ **Écris les nombres entiers en respectant l'espace entre les différentes classes.**

Astuce
Tu peux faire un tableau de numération sur ton brouillon.

a. Cinq-mille-trente-deux unités ➜ ....

b. Quatre-millions ➜ ....

c. Quatre-vingt-trois-mille ➜ ....

d. Cent-cinquante-milliards-vingt-cinq unités ➜ ....

e. Onze-milliards-dix-millions ➜ ....

3 ★★ **Pour le nombre 12 345, complète les phrases suivantes.**

a. Le chiffre des centaines est ....

Le nombre de centaines est ....

b. Le chiffre des dizaines de mille est ....

c. Quand on ajoute sept centaines à ce nombre, on trouve ....

4 ★★★ **Trouve le nombre entier.**

Je suis un nombre de 4 chiffres qui a le même chiffre des unités simples que celui des centaines.
Mon chiffre des centaines est le chiffre des dizaines de millions de 45 682 374 514.
Mon chiffre des dizaines est le chiffre des unités de mille de 53 209 371.
Mon chiffre des unités de mille est le chiffre des centaines de mille de 462 537.

➜ Je suis : ....

Auto évaluation Très bien ☐ Bien ☐ Pas assez bien ☐

2 Les nombres décimaux

→ Corrigés p. I

J'observe et je retiens

■ L'**unité simple** est la plus petite unité entière. Si l'on divise cette unité :
– en 10 parties égales, on obtient **un dixième**. On le note $\frac{1}{10} = 0{,}1$;
– en 100 parties égales, on obtient **un centième**. On le note $\frac{1}{100} = 0{,}01$;
– en 1 000 parties égales, on obtient **un millième**. On le note $\frac{1}{1\,000} = 0{,}001$.

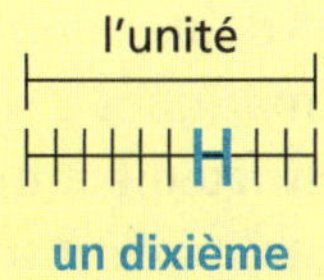

■ Pour **lire** les nombres décimaux, on peut utiliser un tableau.

Partie entière			Partie décimale			
Centaines	Dizaines	Unités	Dixièmes	Centièmes	Millièmes	Dix-millièmes
	8	1,	4	6	5	
		0,	0	7	2	5

Quatre-vingt-une **unités** et quatre-cent-soixante-cinq-**millièmes** ;
sept-cent-vingt-cinq-**dix-millièmes**.

Exemples $81{,}465 = (8 \times 10) + 1 + \frac{4}{10} + \frac{6}{100} + \frac{5}{1\,000}$; $0{,}0725 = 0 + \frac{7}{100} + \frac{2}{1\,000} + \frac{5}{10\,000}$.

■ Un nombre décimal est formé d'une **partie entière** et d'une **partie décimale** composée d'un nombre limité de chiffres. Tout nombre entier est un nombre décimal.

Exemple La partie entière de 81,465 est **81** et sa partie décimale est **465**.

Je m'entraîne

1 ★ Raye les zéros inutiles dans l'écriture des nombres suivants.

009 09 500 900 02,070 0 00,09 0 800,080
5 003 0,0402 0 054 860 590 04 008,020

2 ★ Écris les nombres décimaux en lettres.

a. 853,013 → ....

b. 75 026,000 7 → ....

c. 0,412 9 → ....

3 ★ Écris les nombres décimaux en chiffres, puis décompose-les en fractions décimales.

a. Sept-mille-quatorze unités trois-centièmes

→ ....

b. Soixante-huit millièmes → ....

4 ★★ Place la virgule pour que le chiffre 8 soit le chiffre des centièmes de chaque nombre.

4 5 8   7 3 1 8 5 6   1 5 6 3 4 8 7   8
4 2 6 3 3 1 8   9 8   3 9 6 1 8 2 5

5 ★★ Remplis le tableau.

Nombre décimal	1 532,864	85 632,01	4 631 895,476	2,315 7
Chiffre des centaines				
Chiffre des centièmes				

6 ★★ Trouve le nombre entier de 4 chiffres tel que son chiffre des dizaines soit celui des unités de millions de 49 605 032,3. Son chiffre des unités simples est celui des millièmes de 45,128. Celui des centaines est le chiffre des dixièmes de 0,743 et celui des unités de mille est le chiffre des centièmes de

25 031,543 4 → ....

7 ★★ Ajoute deux dixièmes à chaque nombre.

a. 189,4 → ....

b. 314 021,48 → ....

c. 12,8 → ....

d. 741,934 → ....

Auto évaluation Très bien ☐ Bien ☐ Pas assez bien ☐

3 Comparaison des nombres décimaux

→ Corrigés p.I

J'observe et je retiens

■ Pour comparer deux nombres (dire lequel est le plus grand **ou** lequel est le plus petit), on utilise des symboles mathématiques.

$<$ signifie « **est strictement inférieur à** ». → $3{,}4 < 7$.

$>$ signifie « **est strictement supérieur à** ». → $8 > 0{,}65$.

$\leqslant$ signifie « **est inférieur ou égal à** ». → $4 \leqslant 9{,}5$ ou encore $5{,}8 \leqslant 5{,}8$.

$\geqslant$ signifie « **est supérieur ou égal à** ». → $85 \geqslant 19{,}5$ ou encore $45{,}38 \geqslant 45{,}38$.

■ Si l'on compare deux nombres décimaux qui ont des parties entières différentes, le plus grand est celui qui a la plus grande partie entière.

Exemple 3,408 et 7,12 ont des parties entières différentes → 3 et 7. On a $3 < 7$ donc $3{,}408 < 7{,}12$.

■ Si l'on compare deux nombres décimaux qui ont des parties entières égales, le plus grand est celui qui a la plus grande partie décimale quand on les a écrits avec le même nombre de chiffres après la virgule.

Exemple 47,8 et 47,25 ont des parties entières égales → 47.
On les écrit avec le même nombre de chiffres après la virgule → $47{,}8 = 47{,}80$ et $47{,}25 = 47{,}25$.
On compare leurs parties décimales → on a $25 < 80$ donc $47{,}25 < 47{,}8$.

■ Classer une liste de nombres en ordre croissant, c'est les classer du plus petit au plus grand.
Classer une liste de nombres en ordre décroissant, c'est les classer du plus grand au plus petit.

Je m'entraîne

1 ★ **Complète avec le symbole $<$ ou $>$.**

a. 9 789 .... 9 798
b. 8,705 8,507
c. 5,11 5,012
d. 278,21 278,9
e. 46,35 35,46
f. 15,02 15,2
g. 5,6 7,6
h. 59,457 59,76

2 ★ **Classe les nombres suivants en ordre croissant :**
2,301 ; 0,514 ; 87,32 ; 45,147 ; 2,587 ; 15,37 ; 18,42.

....

3 ★ **Classe les nombres suivants en ordre décroissant :**
45 832 ; 45,832 ; 458,32 ; 4,583 2 ; 0,458 32.

....

4 ★ **Propose deux nombres décimaux avec deux chiffres après la virgule qui conviennent.**

a. $5{,}34 <$ .... $< 5{,}37$
....
b. $358{,}78 <$ .... $< 358{,}81$
....
c. $82{,}4 <$ .... $< 82{,}5$
....
d. $0{,}02 <$ .... $< 0{,}1$
....

5 ★★ **Voici la performance de quatre enfants :**

	Temps en secondes pour parcourir 60 m	Hauteur du saut en mètres
Clément	8 9	1,15
Gladys	9,5	1,05
Alia	9,2	1,02
Jules	8,7	1,1

a. Classe les enfants du plus rapide au moins rapide pour le 60 m.
b. Classe les enfants d'après l'ordre décroissant de leur hauteur de saut.

6 ★★ **Range les nombres de a. par ordre croissant et ceux de b. par ordre décroissant.**

a. 1 ; 11,1 ; 11,01 ; 10,01 ; 10,1 ; 0,11.

....

....

b. 9 ; 99,9 ; 99,09 ; 9,09 ; 90,09 ; 90,9 ; 90 ; 0,99.

....

....

Auto évaluation Très bien ☐ Bien ☐ Pas assez bien ☐

4 Repérage sur une demi-droite graduée

→ Corrigés p.I

J'observe et je retiens

Exemple

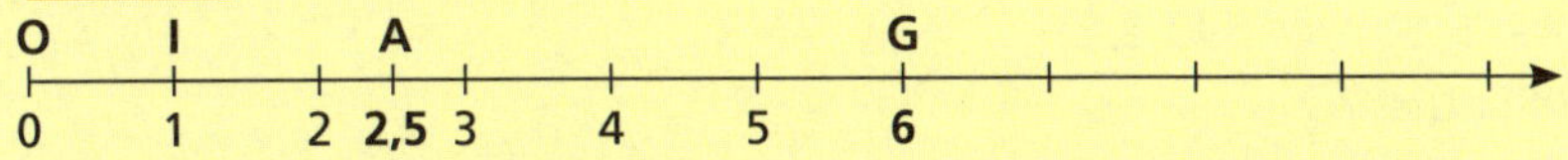

Le point A a pour abscisse 2,5 ; le point G a pour abscisse 6.
On note A (2,5) et G (6) ou encore $x_A = 2,5$ et $x_G = 6$.

Remarque
En partant de l'origine de la demi-droite, si le point M est placé avant le point N, alors $x_M < x_N$.

■ Pour graduer une demi-droite, son origine O est associée au nombre 0 et un point I est associé au nombre 1.

■ À tout point M de la demi-droite, on peut associer un nombre appelé abscisse de ce point.
L'**abscisse** du point M est notée x_M. On peut aussi écrire **M (x_M)**.

Je m'entraîne

1 ★ Complète les graduations de chaque demi-droite graduée.

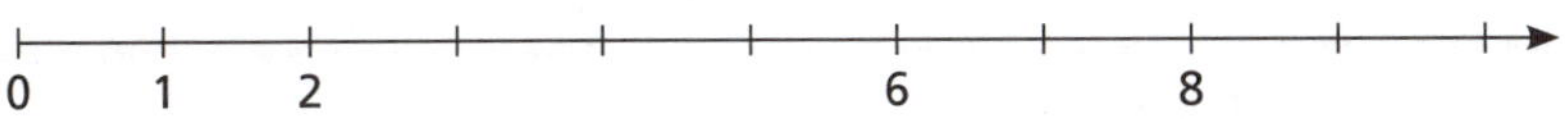

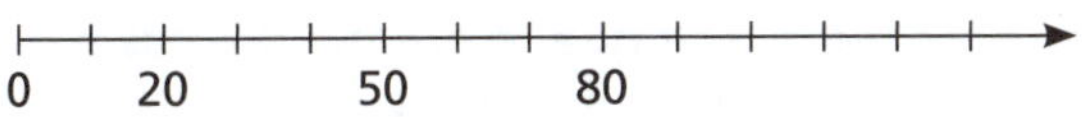

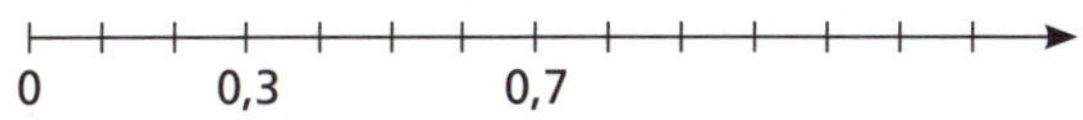

2 ★ Donne l'abscisse des points placés sur les axes.

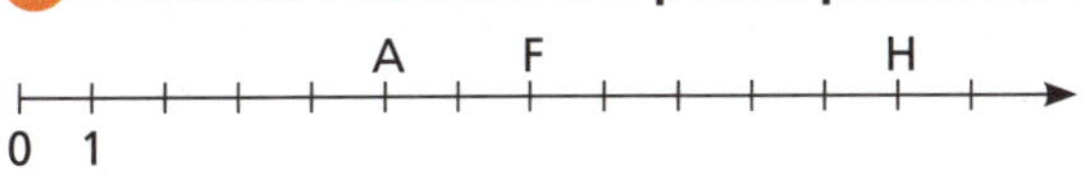

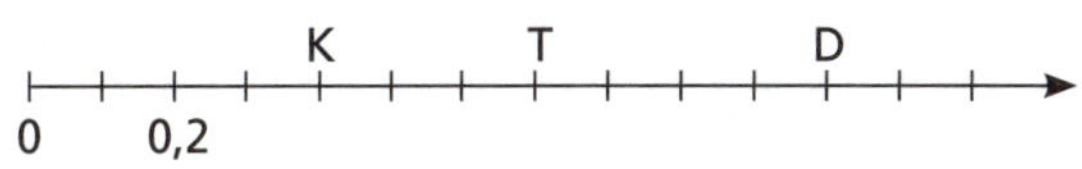

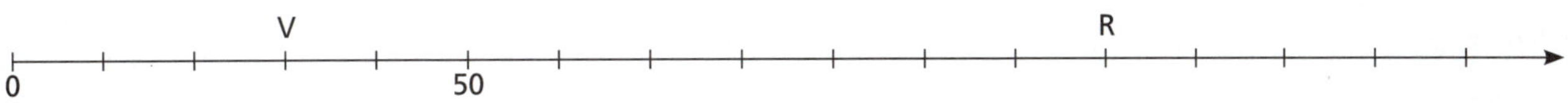

3 ★ Place les points suivants sur l'axe gradué :
M (9) ; G (13,5) ; H (3,5).

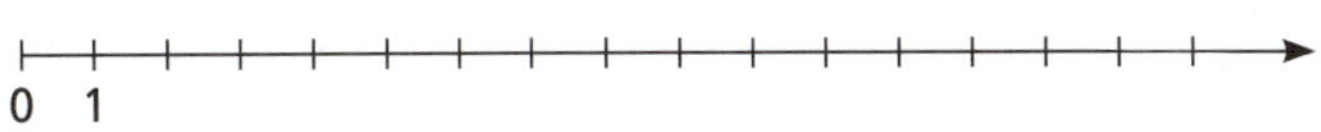

4 ★★ a. Place les points suivants sur l'axe gradué :
J (0,4) ; S (1,25) ; B (0,9) ; X (0,25).

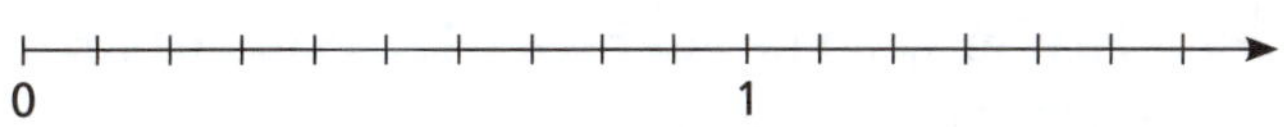

b. Range les abscisses des quatre points en ordre croissant.

....

5 ★★ Encadre les abscisses des points C, L, N et R en utilisant les traits de graduation les plus proches.

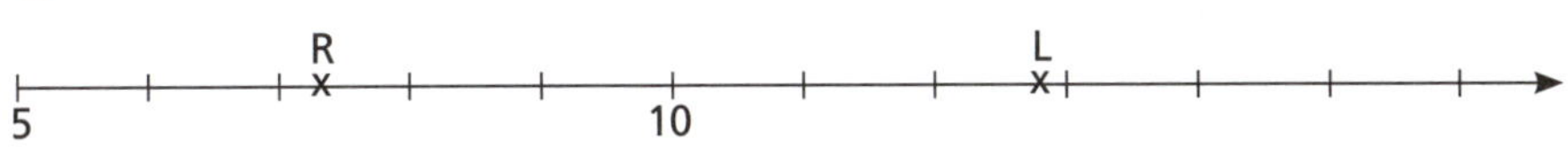

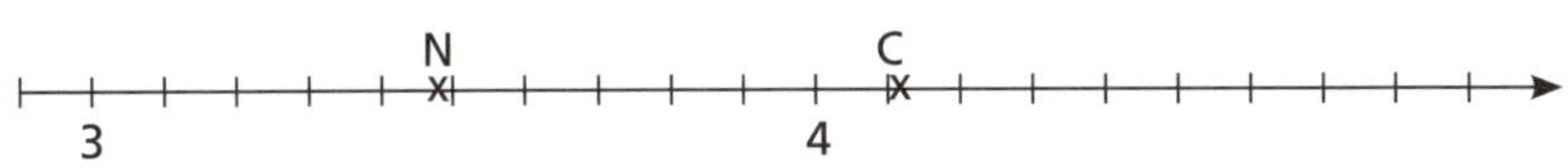

Auto évaluation Très bien ☐ Bien ☐ Pas assez bien ☐

5 Addition de nombres décimaux

→ Corrigés p. I

J'observe et je retiens

■ L'**addition** est l'opération qui permet de calculer la **somme** de deux ou plusieurs nombres.

Exemple Laure a dépensé 447,35 € puis 1 275,50 € et 590 €.
Quel est le montant de la dépense totale de Laure ?
→ La dépense est égale à la **somme** des trois nombres.
447,35 + 1 275,50 + 590 = 2 312,85.
Le montant de la dépense totale de Laure est égal à 2 312,85 €.

Méthode **Technique opératoire de l'addition**

1. On repère dans chaque nombre le chiffre des unités.
2. On aligne en colonne les chiffres des unités simples, puis les chiffres des dizaines, puis ceux des centaines et ainsi de suite.
3. On aligne les virgules, puis les chiffres des dixièmes, puis ceux des centièmes, etc.
4. On additionne en commençant par la droite.

Aide
Pour le calcul de cette addition en colonne :
→ voir la fiche « Techniques opératoires » du mémento.

Je m'entraîne

1 ★ **Effectue les additions ou complète les additions à trous.**

a.
```
      5 3 4
+ 2 6 7 5, 6
+   7 9 8, 8
------------
 .... .... .... .... ....
```

b.
```
      0, 9 2
+   6 5, 7 5
+ 3 4 4, 5
------------
 .... .... .... .... ....
```

c.
```
  3 5 0 ....
+   9 .... 5, 6
+ .... .... 8 9
------------
  5 8 3 6, ....
```

2 ★ **Calcule en ligne les opérations suivantes.**

a. 126 + 574 = ...

b. 7 542 + 939 = ...

c. 123 + 5 829 + 867 = ...

d. 52,8 + 872,25 + 2 154,55 = ...

3 ★ **Pose en colonne et effectue les additions sur une feuille à part.**

a. 129 + 3 075,8 + 173,72 b. 4 329,3 + 851 + 257,27

c. 19 521 + 0,856 + 25,563

4 ★★ Théo achète 3 cahiers à 5,50 €, un stylo à 2,25 € et un classeur à 4,40 €. **Combien a-t-il dépensé ?**

....

....

....

....

5 ★★★ **Dans chaque carré, réunis les cases par groupe de 5 de façon à ce que la somme des cases de chaque groupe soit toujours la même.**

a. Somme = 20

8	2	7	3	8
2	7	0	1	9
1	1	0	0	2
8	6	9	7	1
2	4	4	5	3

b. Somme = 18

6	4	5	2	1
6	2	3	7	2
5	7	5	1	3
4	1	5	1	3
2	1	4	2	8

c. Somme = 20

8	8	3	7	2
9	0	0	7	2
1	2	0	1	1
1	7	9	6	6
3	5	4	4	4

6 ★★★ **Complète les triangles de façon à ce que la somme des cases de chaque côté du triangle soit toujours la même.**

Exemple dans le triangle ci-contre, la somme des cases sur chaque côté du triangle est toujours égale à 17.

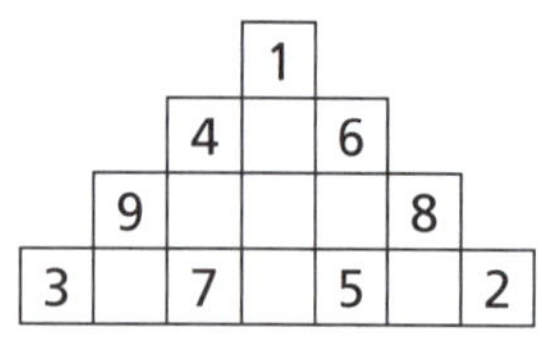

a. Somme = 20
Utilise les 9 premiers nombres entiers.

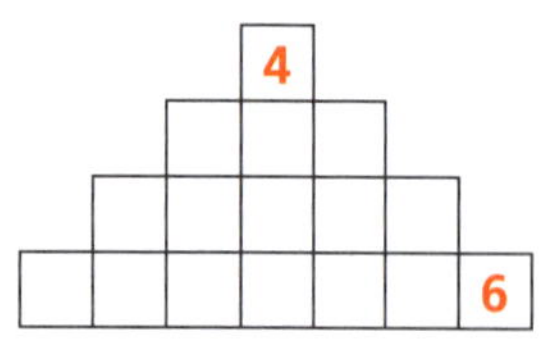

b. Somme = 16
Utilise les nombres entiers de 0 à 8.

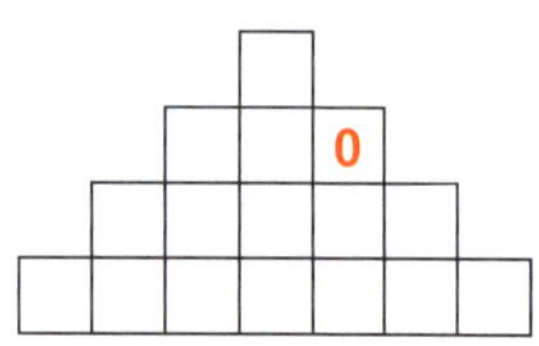

Auto évaluation Très bien ☐ Bien ☐ Pas assez bien ☐

6 Soustraction de nombres décimaux

→ Corrigés p.II

J'observe et je retiens

■ La **soustraction** est l'opération qui permet de calculer la **différence de deux nombres** pris dans un certain ordre.

Exemple Emma achète une paire de chaussures coûtant 59,18 € et Lucas achète une raquette de tennis à 85,50 €. Combien d'euros Lucas a-t-il dépensés de plus qu'Emma ?

→ La dépense est égale à la **différence** des deux nombres.

85,50 − 59,18 = 26,32.

La dépense de Lucas est supérieure de 26,32 €.

Méthode **Technique opératoire de la soustraction**

1. On repère dans chaque nombre le chiffre des unités.
2. On aligne en colonne les chiffres des unités simples, puis les chiffres des dizaines, puis ceux des centaines et ainsi de suite
3. On aligne les virgules, puis les chiffres des dixièmes, puis ceux des centièmes, etc.
4. On soustrait en commençant par la droite.

Aide
Pour le calcul de cette soustraction en colonne :
→ voir la fiche « Techniques opératoires » du mémento.

Je m'entraîne

1 ★ **Effectue les opérations suivantes ou complète les soustractions à trous.**

a.
```
    6 1
−   0, 1 7
  ---------
  .... .... .... ....
```

b.
```
  2 8 7 6, 9
−     7 9 4, 8
  ------------
  .... .... .... .... ....
```

c.
```
  1 4 .... 7, 0 ....
−   .... 2 2, 5 9
  ----------------
      9 3 ...., .... 1
```

d.
```
  2 1 .... 3, 4 5
−   3 8 ...., .... ....
  ----------------
  .... .... 9 6, 4 5
```

2 ★ **Calcule en ligne les opérations suivantes.**

a. 856 − 574 = ...

b. 2 754,2 − 939 = ...

c. 4 123 − 58,29 = ...

d. 8 452,8 − 872,25 = ...

3 ★★ **Pose en colonne et effectue les soustractions sur ton cahier de brouillon.**

a. 3 075,85 − 183,72 = ...

b. 519 521 − 25,563 = ...

c. 54 521,68 − 23 514,591 = ...

d. 4 329,3 − 851 = ...

e. 497 − 132,23 = ...

f. 1 278,35 − 379 = ...

4 ★★ Samira achète un roman d'aventure à 11,65 €. Elle paie avec un billet de 50 €. **Combien lui rend-on ?**

....

....

5 ★★★ Un ami m'a emprunté 300 €. Il m'a déjà remboursé 32 € puis 15 € et enfin 70 €. **Combien me doit-il encore ?**

....

....

....

6 ★★★ **Voici les dates de naissance et de mort de quelques savants. Combien de temps chacun d'entre eux a-t-il vécu ?**

Nom des savants	Naissance	Décès	Âge
1. **Ampère**	1775	1836	
2. **Cauchy**	1789	1857	
3. **Cuvier**	1769	1832	
4. **Euler**	1707	1783	
5. **Galilée**	1564	1642	
6. **Kepler**	1571	1630	
7. **Pascal**	1623	1662	

Auto évaluation Très bien ☐ Bien ☐ Pas assez bien ☐

7 Multiplier et diviser par 10, 100 ou 1 000 et multiplier par 0,1, 0,01 ou 0,001

→ Corrigés p.II

J'observe et je retiens

■ Pour **multiplier un nombre entier** par 10, 100 ou 1 000, on ajoute 1 ou 2 ou 3 zéros à la droite du chiffre des unités.

Exemples 4 753 × 100 = 475 300 ; 307 × 10 000 = 3 070 000.

■ Pour **multiplier un nombre décimal** par 10, 100 ou 1 000, on décale la virgule de 1 ou 2 ou 3 crans vers la droite en pensant à ajouter des zéros si nécessaire.

Exemples 5,21 × 1 000 = 5 210 ; 73,16 × 100 = 7 316.

■ Pour **multiplier un nombre entier** par 0,1, 0,01 ou 0,001, on imagine la virgule à la droite du chiffre des unités et on la décale de 1 ou 2 ou 3 crans vers la gauche.

Exemples 4 753 × 0,001 = 4,753 ; 421 × 0,1 = 42,1.

■ Pour **multiplier un nombre décimal** par 0,1 ou 0,01 ou 0,001 ou **le diviser** par 10, 100 ou 1 000, on décale la virgule de 1 ou 2 ou 3 crans vers la gauche en rajoutant des zéros si nécessaire.

Exemples 0,58 × 0,01 = 0,005 8 ; 4,69 × 0,001 = 0,004 69.

$\frac{256}{10} = \frac{256{,}0}{10} = 25{,}6$; $\frac{145{,}8}{1\,000} = 0{,}145\,8$; $\frac{334{,}2}{100} = 3{,}342$; $\frac{45}{1\,000} = 0{,}045$.

Je m'entraîne

1 ★ Calcule mentalement.

a. 5,24 × 100 = ...
b. 415 × 1 000 = ...
c. 214,3 × 0,1 = ...
d. 0,056 × 0,01 = ...

2 ★★ Complète les égalités.

a. 7,3 × .... = 730
b. 215,8 × .... = 0,215 8
c. 47,2 × .... = 0,472
d. 0,46 × .... = 46

3 ★★ Calcule mentalement.

a. $\frac{25{,}17}{10}$ = ...

b. $\frac{0{,}036}{100}$ = ...

c. $\frac{458{,}7}{100}$ = ...

d. $\frac{3\,500}{1\,000}$ = ...

e. $\frac{2{,}058}{100}$ = ...

4 ★★ Complète les égalités.

a. .... × 100 = 54 632
b. .... × 1 000 = 62 412,3
c. .... × 0,01 = 40
d. .... × 0,1 = 0,025
e. .... × 0,001 = 5 183
f. .... × 10 = 154
g. .... × 100 = 5 400
h. .... × 0,1 = 4 231

5 ★★ Complète les égalités.

a. 42,6 × .... = 4 260
b. 183 × .... = 0,183
c. $\frac{15{,}3}{\dots\dots}$ = 0,153
d. $\frac{8{,}4}{\dots\dots}$ = 0,084
e. 0,023 × .... = 2,3

6 ★★ Entoure la bonne réponse.

a. 4,1 × 100 =	41	0,041	410	0,41
b. 354 × 0,001 =	354 000	3,54	354,000	0,354
c. 8,45 : 0,1 =	0,845	8 450	0,0845	84,5
d. $\frac{0{,}14}{100}$ =	140	0,0014	1 400	1,4

Auto évaluation Très bien ☐ Bien ☐ Pas assez bien ☐

8 Multiplication de nombres décimaux

→ Corrigés p.II

J'observe et je retiens

Exemple Le prix d'un mètre de tissu est 34 €. Pour trouver le prix de 4 mètres, on peut utiliser deux méthodes :

→ 34 + 34 + 34 + 34 = 136 € (A).

→ 34 × 4 = 136 €.

L'opération (A) est la somme de 4 nombres égaux à 34.

Cette **somme** peut être remplacée par un **produit**.

On l'écrit 4 × 34 et on le lit « 4 fois 34 ». Pour calculer le produit 4 × 34, on utilise la multiplication.

■ *a* et *b* étant deux nombres décimaux, **le produit de *a* par *b* est *a* × *b*.**

Exemple Le produit de 6 par *b* est égal à la somme de 6 termes égaux à *b*, ou bien *b* + *b* + *b* + *b* + *b* + *b* = 6 × *b* = 6*b*.

Méthode **Technique opératoire de la multiplication**

1. On veut calculer le produit de 13,25 par 4,1.
2. On sait que 13,25 = 1 325 × 0,01 et 4,1 = 41 × 0,1 donc 13,25 × 4,1 = 1 325 × 41 × 0,001.
3. On multiplie les deux nombres entiers et on place la virgule dans le résultat pour qu'il y ait trois chiffres derrière, en partant du chiffre des unités.

Aide
Pour le calcul de cette multiplication en colonne :
→ voir la fiche « Techniques opératoires » du mémento.

Astuce
Pour calculer le produit de deux décimaux, il ne faut pas oublier de placer correctement la virgule en partant de la droite du nombre.

Je m'entraîne

1 ★ Effectue les multiplications ci-dessous.

a.
```
   2 3 0 4
 × 2 5 9 7
```

b.
```
   0, 3 4 8
 × 2, 6 7
```

c.
```
   7 9 4 5 3
 ×   8 0 5 0
```

d.
```
   2 1, 9 3
 × 2 0 7
```

2 ★ Place correctement la virgule dans le résultat de chaque opération.

a. 49 × 3,5 = 1 7 1 5

b. 4,8 × 5,27 = 2 5 2 9 6

c. 7,24 × 36 = 2 6 0 6 4

d. 0,49 × 31,36 = 1 5 3 6 6 4

3 ★★ Effectue les multiplications en les posant sur une feuille à part. Les produits sont-ils tous supérieurs à 3,7 ?

a. 3,7 × 0,85 b. 3,7 × 4,2 c. 3,7 × 51 d. 3,7 × 0,9

....

4 ★★ Ma bibliothèque contient 3 rangées de 15 livres et 3 étagères de 31 livres chacune.
Combien de livres ai-je en tout ?

....

....

....

....

5 ★★★ Inès achète 2,5 kg de pommes à 1,28 € le kg et 1,5 kg de haricots verts à 2,40 € le kg. Elle a 10 €.
Combien lui rend-on ?

....

....

....

....

Auto évaluation Très bien ☐ Bien ☐ Pas assez bien ☐

9 Multiples et diviseurs d'un nombre entier

→ Corrigés p.II

J'observe et je retiens

■ Le nombre entier naturel *a* est **un multiple** du nombre entier naturel non nul *b* s'il existe un entier naturel unique *q* tel que $a = b \times q$.

Exemple 72 est un multiple de 1 ; 2 ; 3 ; 4 ; 6 ; 8 ; 9 ; 12 ; 18 ; 24 ; 36 et 72.
On peut écrire 72 = 1 × 72 ; 72 = 2 × 36 ; 72 = 3 × 24 ; 72 = 4 × 18 ; 72 = 6 × 12 ; 72 = 8 × 9.

• Si M est un multiple des nombres *n* et *p*, alors M est un multiple commun de *n* et de *p*.

Exemple On a : 120 = 40 × 3 et 120 = 60 × 2. 120 est donc un multiple commun de 60 et de 40.

■ L'entier naturel *b* est **un diviseur** de l'entier naturel *a* si, et seulement si, *a* est un multiple de *b*.
Si $\frac{a}{b} = q$, alors $a = b \times q$.

Exemple 120 : 30 = 4 ; 120 = 30 x 4. On peut donc dire que 30 est un diviseur de 120.

■ Pour savoir si un nombre *a* est multiple d'un nombre *b*, on utilise les **caractères de divisibilité** des nombres. Un nombre entier est **divisible par** :
- 2 si son chiffre des unités est 0, 2, 4, 6 ou 8 ;
- 5 si son chiffre des unités est 0 ou 5 ;
- 3 si la somme de ses chiffres est divisible par 3 ;
- 9 si la somme de ses chiffres est divisible par 9 ;
- 4 si le nombre formé par ses deux derniers chiffres est divisible par 4 ;
- 25 si le nombre formé par ses deux derniers chiffres est divisible par 25.

Exemple 540 est divisible par 2 et par 5 car son chiffre des unités est 0, par 9 car la somme de ses chiffres est divisible par 9. Il est donc divisible par 90 → 2 × 5 × 9 = 90.

Je m'entraîne

1 ★ Écris les multiples de 12 inférieurs à 90.

....

....

2 ★ Écris les multiples de 17 inférieurs à 155 et supérieurs à 100.

....

....

3 ★ Écris les 10 premiers multiples de 68.

....

....

4 ★★ Les nombres suivants sont-ils divisibles par 2 ? par 3 ? par 9 ? par 5 ?

a. 143 b. 1230 c. 333

....

....

5 ★★★ Trouve et écris tous les nombres entiers pairs de 4 chiffres dont le chiffre des centaines est 7, strictement inférieurs à 2 500, et multiples de 3 et de 5.

....

....

....

....

....

6 ★★★ Au CDI du collège Albert Camus, il y a entre 250 et 300 CD. Si on les regroupe par 2, par 3 ou par 5, il en reste toujours un tout seul.
Combien y a-t-il de CD ?

....

....

....

....

....

Auto évaluation Très bien ☐ Bien ☐ Pas assez bien ☐

10 Division euclidienne

→ Corrigés p.II

J'observe et je retiens

■ Effectuer la **division euclidienne** du nombre entier a par le nombre entier b non nul, c'est trouver le quotient entier q et le reste entier r tels que : $a = b \times q + r$ et $r < b$.

Exemple Huit enfants veulent partager équitablement 142 billes.
$8 \times 17 = 136$ et $8 \times 18 = 144$, donc $142 = (8 \times 17) + 6$.
Chacun des huit enfants reçoit 17 billes, il en reste 6 qu'on ne peut plus partager car $6 < 8$.

Méthode **Technique opératoire de la division euclidienne**

```
1 4 2 | 8
  6 2 | 1 7
    6 |
```

- Le chiffre des centaines est inférieur à 8, on considère donc le nombre des dizaines.
- Dans 14, combien de fois 8 ? → 1 fois → $14 - 1 \times 8 = 6$
- On abaisse ensuite le chiffre des unités : 2. Dans 62, combien de fois 8 ?
→ $8 \times 7 = 56$ et $8 \times 8 = 64$ → $62 = 8 \times 7 + 6$, donc 7 est le chiffre des unités du **quotient** et 6 le **reste**.

À savoir
Les calculatrices ont une touche ⊦ qui permet d'obtenir les deux nombres entiers, qui sont le quotient et le reste.

Je m'entraîne

1 ★ Pose et effectue les divisions euclidiennes, puis complète les égalités.

a. 1 3 0 | 7

$130 = (7 \times$ ....) + ...

b. 4 1 3 | 2 3

$413 = (23 \times$ ....) + ...

c. 1 7 5 | 1 2

$175 = (12 \times$ ....) + ...

d. 5 5 0 | 2 8

$550 = (28 \times$ ....) + ...

2 ★ En utilisant l'exercice 1, réponds aux questions suivantes :

a. Un fleuriste a 175 roses. Il prépare des bouquets de 12 roses.

- Combien de bouquets peut-il réaliser ?

....

- Combien de roses lui reste-t-il ?

....

- Combien de roses lui manque-t-il pour faire un bouquet supplémentaire ?

....

b. 130 élèves de 6e mangent à la cantine. Ils sont installés à des tables de 7 places. Combien de tables sont occupées ?

....

c. On veut ranger 550 photos dans des albums de 7 pages, contenant 4 photos par page.

- Combien d'albums remplira-t-on ?

....

- Combien y aura-t-il de photos dans l'album incomplet ? Combien y a-t-il de pages complètes dans cet album ?

....

3 ★★★ Adrien a rangé ses timbres dans un album, les pages contiennent 12 timbres. Il a utilisé 17 pages dont 16 sont complètes. Donne toutes les valeurs possibles du nombre de timbres qu'Adrien a rangés.

....

....

....

....

....

Auto évaluation Très bien ☐ Bien ☐ Pas assez bien ☐

11 Quotient de deux nombres

→ Corrigés p.III

J'observe et je retiens

■ *a* et *b* étant deux nombres entiers (*b* différent de 0), le quotient de *a* par *b* est le nombre par lequel il faut multiplier *b* pour trouver *a*. Ce nombre est noté $\frac{a}{b}$.

Méthode **Technique opératoire de la division**

Huit enfants veulent partager équitablement 142 €.
D'après la fiche 10, ils peuvent déjà recevoir 17 € chacun et il reste alors 6 € à partager.
Le calcul débute comme dans la fiche 10.

```
1 4 2 | 8
  6 2 | 1 7, 7 5
    6 0
      4 0
        0
```

- On abaisse 0 chiffre des dixièmes → 60 = 8 × 7 + 4.
- On place la virgule au quotient → 7 est le chiffre des dixièmes, il reste 4.
- On abaisse 0 chiffre des centièmes → 40 = 8 × 5 + 0.
- 5 est le chiffre des centièmes et il reste 0.

On a alors 142 = 8 × 17,75.

Je m'entraîne

1 ★ **1. Effectue les divisions.**

a. 4 9 | 6

b. 5 1 7 | 4

c. 9 4 | 1 2

d. 3 6 | 1 5

2. Parmi $\frac{49}{6}$; $\frac{517}{4}$; $\frac{94}{12}$; $\frac{36}{15}$ quels quotients sont des nombres décimaux ?

....

....

....

3. Encadre chacun des quatre quotients entre deux nombres entiers consécutifs.

a. .... $< \frac{49}{6} <$ ....

c. .... $< \frac{517}{4} <$ ....

b. .... $< \frac{94}{12} <$ ....

d. .... $< \frac{36}{15} <$ ....

2 ★ **Quel est le nombre manquant dans l'égalité suivante ?**

875 = 28 × ....

3 ★★★ Léo va à l'école 4 jours par semaine à vélo. Il fait deux trajets aller-retour par jour. À la fin de la semaine, le compteur de son vélo indique qu'il a parcouru 52 km.
Quelle est la longueur du trajet ?

....

....

....

....

....

....

4 ★★★ Mélanie achète 5 cahiers à 3,44 € pièce et 6 paquets de feuilles perforées. Le montant total de ses achats est 24,70 €.
Combien coûte un paquet de feuilles perforées ?

....

....

....

....

....

....

Auto évaluation — Très bien ☐ Bien ☐ Pas assez bien ☐

12 Quotient de deux nombres : valeur approchée d'un quotient

→ Corrigés p.III

J'observe et je retiens

■ La division de a par b permet de calculer :
– soit la **valeur décimale exacte** du quotient de $\frac{a}{b}$, quand elle existe ;
– soit des **valeurs décimales approchées** du quotient de $\frac{a}{b}$.

■ Une fraction $\frac{a}{b}$ peut être un nombre décimal. Dans ce cas, **la division** de a par b **s'arrête**.

Exemple $\frac{37}{4} = 9,25$
9,25 est le quotient exact de 37 par 4.

■ Une fraction peut ne pas être un nombre décimal. Dans ce cas, **la division** de a par b **ne s'arrête pas**.

Exemple La division de 29 par 6 ne s'arrêtera jamais (la séquence de calcul se reproduit indéfiniment).
La **valeur exacte** du quotient de 29 par 6 s'écrit $\frac{29}{6}$.
On peut déterminer des **valeurs décimales approchées** de $\frac{29}{6}$.
On obtient 4,833 333 333 pour 29 ÷ 6.

■ **Encadrement de $\frac{29}{6}$ à un dixième près** : $4,8 < \frac{29}{6} < 4,9$
4,8 est plus proche de $\frac{29}{6}$ que 4,9. La valeur arrondie au dixième de $\frac{29}{6}$ est 4,8.

■ **Encadrement de $\frac{29}{6}$ à un centième près** : $4,83 < \frac{29}{6} < 4,84$
4,83 est plus proche de $\frac{29}{6}$ que 4,84. La valeur arrondie au centième de $\frac{29}{6}$ est 4,83.

Je m'entraîne

1 ★ **a. À l'aide de l'exercice 1 de la fiche 11, complète les phrases suivantes.**

- La valeur décimale arrondie au dixième de $\frac{49}{6}$ est ....
- La valeur décimale arrondie au centième de $\frac{49}{6}$ est ....

b. Encadre $\frac{49}{6}$ au dixième : .... $<$ $\frac{49}{6}$ $<$ ....

2 ★★ La densité de population d'un pays est le quotient du nombre d'habitants par la superficie de ce pays.
Pour la France, la superficie est de 552 000 km², le nombre d'habitants est 65,8 millions.
Calcule, en habitant par km², la densité de population de la France (arrondie à la dizaine).

....

....

....

....

Auto évaluation Très bien ☐ Bien ☐ Pas assez bien ☐

13 Quotient de deux nombres : égalité de quotients

→ Corrigés p.III

J'observe et je retiens

■ Le quotient de *a* par *b* (*b* différent de 0) ne change pas si l'on multiplie (ou si l'on divise) les deux nombres *a* et *b* **par un même nombre non nul**.

Exemple $\frac{36}{54} = \frac{6 \times \mathbf{6}}{9 \times \mathbf{6}} = \frac{6}{9} = \frac{2 \times \mathbf{3}}{3 \times \mathbf{3}} = \frac{2}{3}$ et $\frac{18}{5} = \frac{18 \times \mathbf{2}}{5 \times \mathbf{2}} = \frac{36}{10} = 3{,}6$.

■ Cette règle permet, dans certains cas, de calculer le quotient de deux nombres sans poser de division.

Exemple $\frac{63}{45} = \frac{7 \times \mathbf{9}}{5 \times \mathbf{9}} = \frac{7}{5} = \frac{7 \times \mathbf{2}}{5 \times \mathbf{2}} = \frac{14}{10} = 1{,}4$ donc $\frac{63}{45} = 1{,}4$.

● Elle permet d'effectuer la division d'un nombre décimal par un nombre décimal.

Exemple $\frac{12{,}42}{3{,}6} = \frac{12{,}42 \times \mathbf{10}}{3{,}6 \times \mathbf{10}} = \frac{124{,}2}{36}$.

Or en posant la division de 124,2 par 36, on trouve pour quotient 3,45. Donc $\frac{12{,}42}{3{,}6} = 3{,}45$.

Je m'entraîne

1 ★ Complète les égalités.

a. $\frac{7}{5} = \frac{\dots}{\dots} = \frac{\dots}{20}$ b. $\frac{13}{6} = \frac{\dots}{\dots} = \frac{\dots}{48}$

2 ★ Complète les égalités.

a. $\frac{36}{81} = \frac{\dots}{\dots} = \frac{4}{\dots}$ b. $\frac{25}{45} = \frac{\dots}{\dots} = \frac{\dots}{9}$

3 ★★ Calcule, sans poser de division, la valeur décimale des quotients.

a. $\frac{21}{25} = \dots$

b. $\frac{39}{50} = \dots$

c. $\frac{54}{45} = \dots$

4 ★★ Pose les divisions après avoir transformé les quotients.

a. $\frac{73{,}2}{4{,}8} = \frac{73{,}2 \times 10}{4{,}8 \times \dots} = \frac{732}{\dots} = \dots$

b. $\frac{5{,}75}{3{,}2} = \frac{\dots}{\dots \times \dots} = \frac{\dots}{\dots} = \dots$

5 ★★ Calcule le quotient $\frac{241}{0{,}5}$ sans poser de division.

....

....

....

6 ★★ Un litre d'essence coûte 1,48 €.

a. Combien paie un automobiliste qui fait un plein de 38 L d'essence ?

....

....

....

....

b. Donne la valeur arrondie au centième du nombre de litres d'essence que l'on peut acheter avec 20 €.

....

....

....

....

....

Auto évaluation Très bien ☐ Bien ☐ Pas assez bien ☐

14 Utilisation des parenthèses dans un calcul

→ Corrigés p.III

J'observe et je retiens

■ Dans une expression numérique **sans parenthèses**, on commence par effectuer le calcul de la **multiplication avant** celui de l'**addition** et de la **soustraction**.

Exemple 48 + **5** × **7** = 48 + 35 = 83

■ Dans une expression numérique **comportant des parenthèses**, on commence par calculer le **contenu des parenthèses**. À l'intérieur d'une parenthèse, on applique la règle précédente.

Exemples **(48 + 5)** × 7 = **53** × 7 = 371

47 – 3 × **(5 + 2)** + 18 = 47 – **3** × **7** + 18 = **47 – 21** + 18 = 26 + 18 = 44

Je m'entraîne

1 ★ Calcule mentalement.

a. (7 + 8) × 5 = ...

b. 6 × 30 – 21 = ...

c. 36 – (6 + 2) × 4 = ...

d. [14 – (0,2 × 10 + 8)] × 6 = ...

2 ★ Calcule les expressions et souligne le calcul qui doit être effectué à chaque étape.

a. 41 – (16 + 4 × 0,5) = ...

....

b. 12 × 8 – 15 + 5 × 9 = ...

....

c. (61 – 22) × [13,6 – (4,1 + 7,5)] = ...

....

3 ★ Traduis chaque phrase par une expression mathématique, puis effectue les calculs.

a. *A* est la somme de 39 et du triple de 15.

....

b. *B* est le produit de 25 par la différence de 130 et 92.

....

c. *C* est la somme du produit de 0,25 par 4 et du double de 27.

....

d. *D* est la différence de 72 centièmes et du produit de 4 par 18 centièmes.

....

4 ★★ Alexandre, Arthur et Alice ont acheté 2 plaquettes de chocolat à 0,75 € l'une, 3 bouteilles de jus de fruits à 1,90 € l'une, et 1 gâteau à 7,50 €. Arthur et Alice ont donné 5 € chacun et Alexandre 6 €.
Combien leur restera-t-il après avoir payé ?

....

....

....

....

....

....

....

....

....

Astuce
Pour répondre à cette question, écris une expression numérique faisant intervenir tous les renseignements de l'énoncé.

5 ★★ Place des parenthèses pour que les égalités suivantes soient justes.

a. 6 + 5 × 4 – 3 – 2 + 1 = 44

b. 6 + 5 × 4 – 3 – 2 + 1 = 10

c. 6 + 5 × 4 – 3 – 2 + 1 = 26

d. 6 + 5 × 4 – 3 – 2 + 1 = 8

Auto évaluation Très bien ☐ Bien ☐ Pas assez bien ☐

15 Résolution d'un problème

→ Corrigés p.III

J'observe et je retiens

Exemple Quatre amis vont déjeuner au restaurant. Trois d'entre eux prennent un menu à 12 €. Le quatrième prend un plat à 11 € et un dessert à 3 €. À la fin du repas, ils prennent tous un café à 1 €. Ils paient avec un billet de 100 €. **Combien leur rendra-t-on ?**

Si l'on résout le problème étape par étape :

1. Prix des trois menus : 12 × 3 = 36.
2. Prix du repas de celui qui ne prend pas de menu : 11 + 3 = 14.
3. Prix des cafés : 1 × 4 = 4.
4. Dépense totale des quatre amis : 36 + 14 + 4 = 54.
5. Somme rendue : 100 – 54 = 46. On leur rend 46 €.

À savoir

On peut aussi écrire le calcul de la somme rendue aux quatre amis en une seule expression.

100 – [(12 × 3) + (11 + 3) + (1 × 4)] = 100 – [36 + 14 + 4] = 100 – 54 = 46.

■ Pour trouver la **solution d'un problème**, on cherche à **écrire une expression** dont le résultat est la réponse du problème. Pour calculer l'expression, on utilise des parenthèses et des crochets en respectant les **règles de priorité des opérations**.

Je m'entraîne

1 ★★ Mathis va acheter des bonbons :
des oursons à 0,15 € pièce et des chewing-gums à 0,20 € pièce. Il a 1,90 € et il a déjà pris 6 oursons.
Combien de chewing-gums pourra-t-il acheter ?

....

....

....

....

....

2 ★★ **Avec les opérations qui suivent, retrouve les renseignements manquants dans le texte.**
5,25 × 4 = 21 ; 2,30 × 3 = 6,90 ; 21 + 6,90 = 27,90 ; 50 – 27,90 = 22,10.

Nina achète 4 livres à .... € l'un et .... magazines à 2,30 € le magazine. Elle paie avec un billet de .... €. La libraire lui rend .... €.

3 ★★ **Pour chaque problème, retrouve l'écriture qui donne la solution du problème.**
Expression n° 1 : (25 + 4) × 3
Expression n° 2 : (4 × 3) × 25
Expression n° 3 : 25 + (4 × 3)

• **Problème n° 1 :** Un père de famille achète pour chacun de ses trois enfants un jean à 25 € et une paire de chaussettes à 4 €. Quelle somme a-t-il dépensée ?

....

• **Problème n° 2 :** Yacine a acheté trois albums de bande dessinée à 4 € l'un et un DVD à 25 €. Quelle somme a-t-il dépensée ?

....

4 ★★ À Noël, la famille Dupont (2 adultes et 3 enfants) va skier une journée. Le prix du forfait journalier adulte est 35 € et celui des enfants est 7 € moins cher que le forfait adulte. La famille déjeune au restaurant. Chacun prend un menu à 12 €. Les enfants prennent chacun une limonade à 3 € pièce et les deux adultes prennent chacun un café à 2 €.

Quelle est leur dépense pour cette journée ?

....

....

....

....

Auto évaluation — Très bien ☐ Bien ☐ Pas assez bien ☐

16 Écriture fractionnaire des nombres décimaux

→ Corrigés p.III

J'observe et je retiens

Exemple 53,19 = 53 unités 19 centièmes

$= 53 + \frac{19}{100}$ = 53 unités 1 dixième et 9 centièmes

$= 53 + \frac{1}{10} + \frac{9}{100} = \frac{5\,319}{100}$.

L'écriture $\frac{5\,319}{100}$ est une écriture du nombre 53,19 et elle est appelée **fraction décimale**.

- Une **fraction décimale** est une fraction dont le numérateur est un nombre entier et le dénominateur est 10 ou 100 ou 1 000, etc.
- Pour **trouver le nombre décimal** représenté par une fraction décimale, on divise son numérateur par son dénominateur.

Exemple $\frac{2483}{100}$ = 24,83 = 2 483 centièmes = 24 unités et 83 centièmes.

Je m'entraîne

1 ★ **Donne l'écriture décimale des nombres.**

a. $\frac{48}{1\,000}$ = ...

b. $\frac{61}{10\,000}$ = ...

c. $\frac{573}{10}$ = ...

d. $\frac{2\,481}{100}$ = ...

2 ★ **Donne une fraction décimale correspondant aux nombres décimaux.**

a. 2,147 = $\frac{\dots\dots}{\dots\dots}$

b. 0,016 = $\frac{\dots\dots}{\dots\dots}$

c. 34,81 = $\frac{\dots\dots}{\dots\dots}$

d. 5,214 = $\frac{\dots\dots}{\dots\dots}$

3 ★ **Dans chaque égalité, complète les fractions décimales.**

a. 3,4 = $\frac{\dots\dots}{10} = \frac{\dots\dots}{100}$

b. 0,02 = $\frac{\dots\dots}{100} = \frac{\dots\dots}{10\,000}$

c. 58,31 = $\frac{\dots\dots}{100} = \frac{\dots\dots}{1\,000}$

d. 73 = $\frac{\dots\dots}{10} = \frac{\dots\dots}{10\,000}$

4 ★ **Complète les égalités.**

a. 1,21 = $\frac{\dots\dots}{100} = \frac{1\,210}{\dots\dots}$

b. 41,2 = $\frac{4\,120}{\dots\dots} = \frac{\dots\dots}{10} = \frac{41\,200}{\dots\dots}$

c. 0,056 = $\frac{56}{\dots\dots} = \frac{\dots\dots}{10\,000}$

5 ★★ **Écris les opérations sous forme décimale.**

a. $25 + \frac{9}{10}$

....

b. $179 + \frac{1}{10}$

....

c. $6 + \frac{7}{100}$

....

d. $210 + \frac{3}{10} + \frac{4}{1000}$

....

6 ★★ **Range les nombres suivants dans l'ordre croissant :**

2,6 ; $\frac{263}{100}$; 2,59 ; $\frac{2\,614}{1\,000}$; 2,72 ; $\frac{206}{100}$; $\frac{2\,006}{1\,000}$; 0,26.

....

....

....

....

....

....

Auto évaluation Très bien ☐ Bien ☐ Pas assez bien ☐

17 Addition et soustraction de fractions décimales

→ Corrigés p.IV

J'observe et je retiens

Comment additionne-t-on des fractions décimales ?

Exemple On veut calculer la somme des nombres décimaux 1,32 et 0,7 → 1,32 + 0,7 = 2,02.

On écrit ces deux nombres et la somme avec des fractions décimales.

$$\rightarrow \frac{132}{100} + \frac{7}{10} = \frac{132}{100} + \frac{7 \times 10}{10 \times 10} = \frac{132}{100} + \frac{70}{100} = \frac{132 + 70}{100} = \frac{202}{100}.$$

Comment soustrait-on des fractions décimales ?

Exemple On veut calculer la différence entre 1,32 et 0,7 → 1,32 – 0,7 = 0,62.

On écrit ces deux nombres et le résultat avec des fractions décimales.

$$\rightarrow \frac{132}{100} - \frac{7}{10} = \frac{132}{100} - \frac{7 \times 10}{10 \times 10} = \frac{132}{100} - \frac{70}{100} = \frac{132 - 70}{100} = \frac{62}{100}.$$

Pour additionner (ou soustraire) des fractions décimales ayant le **même dénominateur**, on garde le dénominateur et on additionne (ou on soustrait) les numérateurs.

Pour additionner (ou soustraire) des fractions décimales ayant des **dénominateurs différents**, on écrit chaque fraction avec le même dénominateur et on additionne (ou on soustrait) les numérateurs des nouvelles fractions.

Je m'entraîne

1 ★ **Effectue les opérations.**

a. $\frac{1}{100} + \frac{5}{100} + \frac{24}{100} =$ ....

b. $\frac{224}{10} - \frac{79}{10} =$ ....

2 ★ **Effectue les opérations.**

a. $\frac{5}{100} + \frac{6}{1\,000} + \frac{91}{10\,000} =$ ....

b. $\frac{432}{100} - \frac{25}{10} =$ ....

c. $\frac{76}{1\,000} + \frac{119}{100} + \frac{5}{10} =$ ....

d. $\frac{216}{100} - \frac{512}{1\,000} =$ ....

3 ★ **Effectue les opérations.**

a. $15{,}054 + \frac{625}{1\,000} + \frac{287}{100} =$ ....

b. $12 - \frac{65}{10} =$ ....

4 ★★ **Écris les nombres décimaux en fractions décimales, puis calcule l'opération.**

a. 42,4 + 1,5 + 65,8 = ...

b. 52,4 – 7,63 = ...

c. 51,62 + 84,7 + 5,412 = ...

5 ★★ Une bouteille contient 1,5 L de jus d'orange. Pierre boit 0,5 L de jus d'orange, Houcine 0,25 L et Paloma 20 cL.

Trouve la quantité restante de jus d'orange de deux manières différentes : en utilisant des nombres décimaux et en utilisant des fractions décimales.

....

....

....

....

....

....

....

Auto évaluation — Très bien ☐ Bien ☐ Pas assez bien ☐

18 Multiplication de fractions décimales

→ Corrigés p.IV

J'observe et je retiens

Exemple On veut calculer le produit des nombres décimaux 1,32 et 0,7. On écrit : 1,32 × 0,7 = 0,924.
On écrit ensuite le calcul en fractions décimales.

$\frac{132}{100} \times \frac{7}{10} = \frac{132 \times 7}{100 \times 10} = \frac{924}{1\,000}$.

■ Pour multiplier deux fractions décimales, **on multiplie les numérateurs et les dénominateurs entre eux**.

Remarque
Il est inutile de réduire les fractions au même dénominateur.

Je m'entraîne

1 ★ Effectue les opérations.

a. $\frac{21}{100} \times \frac{2}{10} =$ ....

b. $\frac{75}{1\,000} \times \frac{4}{10} =$ ....

c. $\frac{41}{10} \times \frac{5}{100} =$ ....

d. $\frac{125}{100} \times \frac{8}{1\,000} =$ ....

e. $\frac{50}{1\,000} \times \frac{78}{100} =$ ....

f. $\frac{25}{10} \times \frac{40}{100} =$ ....

g. $\frac{246}{100} \times \frac{100}{1\,000} =$ ....

h. $\frac{52}{10} \times \frac{24}{100} =$ ....

i. $\frac{206}{10} \times \frac{25}{10} =$ ....

2 ★ Écris les nombres décimaux en fractions décimales puis effectue l'opération.

a. $0,4 \times 1,5 = \frac{4}{\ldots\ldots} \times \frac{\ldots\ldots}{10} =$ ....

b. 1,75 × 0,4 = ...

c. 26,4 × 0,02 = ...

3 ★ a. Complète directement l'opération suivante.

3,72 × 0,01 = ...

b. Refais le calcul en utilisant des fractions décimales.

.... × .... = ...

4 ★ Calcule et écris le résultat en fraction décimale.

a. 2,5 × 0,1 = ...

b. 150 × 0,01 = ...

c. 0,31 × 0,001 = ...

d. 47 × 0,1 = ...

5 ★ Complète les égalités.

a. $7,8 = \frac{78}{\ldots\ldots} = 78 \times$ ....

b. $0,06 = \frac{6}{\ldots\ldots} = 6 \times$ ....

c. $\frac{185}{100} =$ .... × .... = ...

6 ★★ Une gravure rectangulaire mesure 75 cm sur 25 dm.

a. Calcule l'aire de la gravure en cm², puis convertis cette aire en m².

....

....

....

....

....

b. Écris sous forme de fractions décimales les dimensions de la gravure en m, puis calcule l'aire en m².

....

....

....

....

....

Auto évaluation Très bien ☐ Bien ☐ Pas assez bien ☐

19 Égalité entre deux ou plusieurs fractions

→ Corrigés p.IV

J'observe et je retiens

■ Le quotient de deux nombres reste inchangé si l'on multiplie (ou si l'on divise) ces deux nombres par un même nombre non nul.

$\frac{a}{b} = \frac{k \times a}{k \times b}$ et $\frac{a}{b} = \frac{a \div k}{b \div k}$, où a, b et k sont des nombres quelconques (b et k étant non nuls).

■ On peut utiliser cette règle pour :

- calculer le **quotient de deux nombres** sans avoir posé la division.

Exemple $\frac{31}{50} = \frac{31 \times \mathbf{2}}{50 \times \mathbf{2}} = \frac{62}{100} = 0{,}62$. Donc $\frac{31}{50} = 0{,}62$.

- calculer le **quotient d'un nombre entier par un nombre décimal**.

Exemple $\frac{59}{3{,}6} = \frac{59 \times \mathbf{10}}{3{,}6 \times \mathbf{10}} = \frac{590}{36}$. Le quotient de 59 par 3,6 sera donc égal au quotient de 590 par 36.
On effectue ensuite de la division de 590 par 36.

- **simplifier une fraction**. Pour cela, on divise le numérateur et le dénominateur par un diviseur qui leur est commun.

$\frac{28}{42} = \frac{\mathbf{2} \times 14}{\mathbf{2} \times 21} = \frac{14}{21}$

On dit que l'on a simplifié la fraction par **2**.

$\frac{14}{21} = \frac{\mathbf{7} \times 2}{\mathbf{7} \times 3} = \frac{2}{3}$

On dit que l'on a simplifié la fraction par **7**.

$\frac{28}{42} = \frac{14}{21} = \frac{2}{3}$

$\frac{2}{3}$ est une fraction que l'on ne peut plus simplifier.

Je m'entraîne

1 ★ **Parmi les fractions suivantes, regroupe celles qui sont égales.**

$\frac{2}{5}$; $\frac{14}{12}$; $\frac{9}{12}$; $\frac{16}{40}$; $\frac{12}{30}$; $\frac{21}{18}$; $\frac{3}{4}$; $\frac{70}{60}$; $\frac{15}{60}$; $\frac{24}{60}$; $\frac{12}{45}$; $\frac{7}{6}$.

....

....

2 ★ **Simplifie le plus possible les fractions suivantes.**

a. $\frac{840}{700}$ **b.** $\frac{18}{45}$ **c.** $\frac{25}{60}$

....

....

....

3 ★ **Écris quatre fractions égales à $\frac{9}{4}$.**

....

....

4 ★★ **Calcule la valeur décimale des quotients $\frac{18}{45}$ et $\frac{63}{225}$ sans poser de division.**

....

....

5 ★★ **Calcule la valeur des quotients $\frac{19}{0{,}32}$ et $\frac{0{,}15}{1{,}6}$.**
Pose la division sur une feuille à part.

6 ★★★ Deux automobilistes ont parcouru la même distance. Le premier a mis $\frac{4}{5}$ d'heure et le second $\frac{3}{4}$ d'heure.
Lequel a été le plus rapide ?

....

....

....

....

....

Auto évaluation Très bien ☐ Bien ☐ Pas assez bien ☐

20 Opérations à trous

→ Corrigés p.V

J'observe et je retiens

■ Si 23 + ☺ = 38, alors ☺ est le nombre à ajouter à 23 pour trouver 38 ; ce nombre est égal à 38 – 23.
☺ = 38 – 23 = 15.
On peut vérifier : quand on remplace ☺ par 15, l'égalité 23 + **15** = 38 est vraie.

■ Si ✲ – 9 = 17, alors ✲ = 17 + 9 = 26.
On peut vérifier : quand on remplace ✲ par 26, l'égalité **26** – 9 = 17 est vraie.

■ Si 3 × □ = 84, alors □ = $\frac{84}{3}$ = 28.
On peut vérifier : quand on remplace □ par 28, l'égalité 3 × **28** = 84 est vraie.

■ Si 71 – ☆ = 13, alors ☆ = 71 – 13 = 58.
On peut vérifier : quand on remplace ☆ par 58, l'égalité 71 – **58** = 13 est vraie.

Je m'entraîne

1 ★ **Complète le tableau en écrivant le calcul à effectuer pour trouver la valeur du nombre manquant dans chaque égalité.**

Égalité	Calcul à effectuer	Valeur du nombre
13 + ... = 128		
103 – .... = 87		
6 × .... = 408		
18,5 + ... = 72		
41,7 – .... = 10,2		
.... – 41 = 209,6		
5 × 3 × .... = 504		

2 ★ **a.** Quelle est la valeur de x si x + 7,2 = 18,5 ?

....

b. Quelle est la valeur de t si 89 – t = 6,4 ?

....

c. Quelle est la valeur de z si 8 × z = 74 ?

....

3 ★★ **Complète les opérations (chaque groupe de pointillés correspond à un chiffre).**

a.
```
    7 ... 8
+ ... 5 6
---------
  1 1 9 ...
```

b.
```
  7 ... 4
– 3 9 ...
---------
  ... 9 1
```

c.
```
   ... 5 ...
×        4
---------
   2 6 3 2
```

4 ★★ **Quelle est la longueur du segment [KI] sachant que le périmètre du quadrilatère SKIE est égal à 25 cm ? L'unité est le centimètre.**

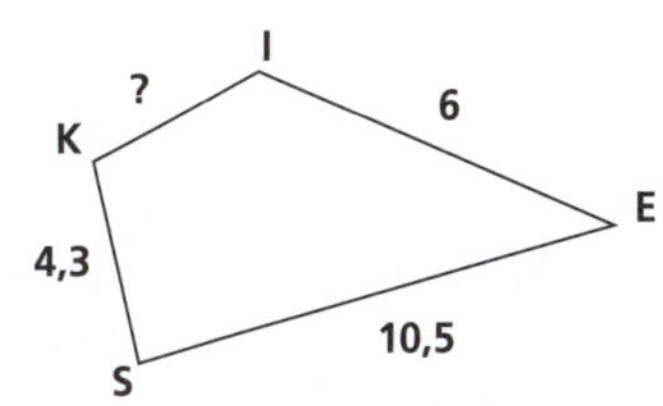

....

....

....

5 ★★ **La différence entre deux nombres est 29. Le plus grand est 308. Quel est le plus petit des deux nombres ?**

....

Auto évaluation — Très bien □ Bien □ Pas assez bien □

21 Proportionnalité : définitions

→ Corrigés p.V

J'observe et je retiens

Exemple Quand on achète des pommes à 1,70 € le kg, le prix payé est proportionnel à la masse de pommes achetées. Si la masse *m* est en kg, le prix à payer s'obtient en multipliant *m* par 1,70.
Le nombre 1,70 est le coefficient de proportionnalité.

Masse de pommes achetées en kg	3	4,5	7,5	9	*m*
Prix payé en €	5,10	7,65	12,75	15,30	*p*

(× 1,70)

- Si j'achète 3 kg de pommes, je paie 1,70 × 3 = 5,10 €.
- Si j'achète 4,5 kg de pommes, je paie 1,70 × 4,5 = 7,65 €.
- Si j'achète 7,5 kg de pommes, je remarque que 7,5 = 3 + 4,5 donc je paie 5,10 + 7,65 = 12,75 €.
- Si j'achète 9 kg de pommes, je remarque que 9 = 4,50 × 2 donc je paie 7,65 × 2 = 15,30 €.

■ On dit que deux grandeurs sont **proportionnelles** quand les valeurs de l'une des grandeurs s'obtiennent en multipliant les valeurs correspondantes de l'autre grandeur par un même nombre non nul.

■ Ce nombre est appelé le **coefficient de proportionnalité**.

Je m'entraîne

1 ★ Complète les phrases.

a. Si 4 objets identiques pèsent 6 kg, alors un objet pèse .... kg.

b. Quand j'achète 2,5 kg de bananes, je paie 2,25 €. Je paie .... si j'en achète 5 kg.

c. Un cahier coûte 2,35 €, alors 4 cahiers identiques coûtent ....

2 ★ Complète le tableau et indique le coefficient de proportionnalité si 1,6 kg d'oranges coûte 3,36 €.

Masse en kg	....
Prix en €	....

(× ....)

3 ★ Ce tableau donne le prix à payer selon le nombre de jours de location pour une paire de skis. Dis s'il s'agit d'une situation de proportionnalité en justifiant ta réponse.

Nombre de jours de location d'une paire de skis	3	4	7
Prix en €	25,5	34	59,5

....

....

4 ★★ Réponds aux questions suivantes.

a. La taille d'un enfant est-elle proportionnelle à son âge ? Explique ta réponse.

....

b. La longueur du côté d'un carré et son aire sont-elles des grandeurs proportionnelles ?

....

5 ★★ Un plan représente un village à l'échelle $\frac{1}{2000}$.

Astuce
1 cm sur le plan représente 2 000 cm en réalité.

a. Sur le plan, la distance entre la mairie et l'école est de 35 cm. Quelle est la distance réelle entre la mairie et l'école ?

....

b. En réalité, la rue principale a une longueur de 1,850 km. Quelle est la longueur de cette rue sur le plan ?

....

....

Auto évaluation Très bien ☐ Bien ☐ Pas assez bien ☐

22 Proportionnalité : méthode de calcul

→ Corrigés p.V

J'observe et je retiens

Exemple Quand on achète du tissu, le prix payé est proportionnel à la longueur de tissu acheté.
On a acheté 3 m de tissu pour 7,50 €. **On veut connaître le prix à payer pour une autre longueur de tissu.**

- **Pour 6 m :** 6 est le double de 3 (6 = 2 × 3), donc le prix à payer pour 6 m de tissu sera le double du prix à payer pour 3 m de tissu → 7,50 × 2 = 15. On paiera 15 € pour 6 m de tissu.
- **Pour 4,5 m :** 4,5 c'est une fois et demie 3 (4,5 = 1,5 × 3), donc le prix à payer pour 4,5 m de tissu sera égal à une fois et demie le prix de 3 m de tissu → 7,5 × 1,5 = 11,25. On paiera 11,25 € pour 4,5 m de tissu.
- **Pour 7 m :** le prix de 7 m de tissu est $\frac{7}{3}$ fois le prix de 3 m de tissu. On calcule donc $\frac{7}{3} \times 7{,}5 = 17{,}5$.

On paiera 17,5 € pour 7 m de tissu.

■ Pour calculer tous ces prix plus rapidement, on peut utiliser un **coefficient de proportionnalité**.

Longueur de tissu en m	l	3
Prix en €	p	7,50

(× ....)

- Le coefficient de proportionnalité est égal à $\frac{7{,}50}{3} = 2{,}5$. Il s'agit du prix pour 1 m de tissu.
- Pour connaître le prix de 6 m, de 4,5 m, de 7 m de tissu, on calcule :

6 × 2,5 = 15 4,5 × 2,5 = 11,25 7 × 2,5 = 17,5

Je m'entraîne

1 ★ **Une voiture parcourt 40 km en 20 min. La distance parcourue est proportionnelle à la durée du parcours.**

a. Complète le tableau ci-dessous, détermine son coefficient de proportionnalité.

Durée en min	....
....	40

(× ....)

b. Combien de temps met la voiture si elle se déplace à la même vitesse pour parcourir 20 km ?

....

c. Et pour parcourir 160 km ? ....

d. À cette vitesse, quelle distance parcourt la voiture en 1 h ?

....

2 ★★ **Le prix de 5 kg de pommes est de 16 €.**

a. Sans utiliser le coefficient de proportionnalité, combien va-t-on payer pour 3 kg de pommes ?

....

b. Quelle quantité de pommes peut-on acheter avec 20 € ? ....

3 ★★ **La tuyauterie d'un robinet fuit. La fuite permet de remplir deux bouteilles de 1,5 L d'eau en 10 min.**

a. En combien de temps la quantité d'eau perdue par la fuite sera-t-elle de 21 L ?

....

....

b. Quelle quantité d'eau s'échappera en 2 h ?

....

....

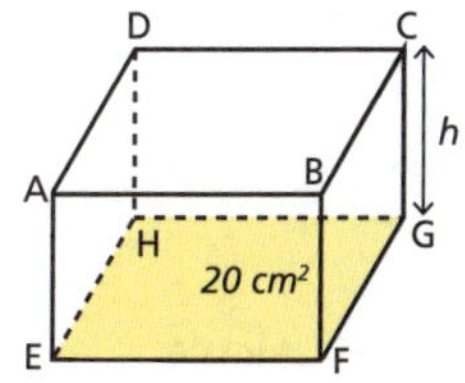

4 ★★★ **Un parallélépipède rectangle a pour base un rectangle de 20 cm².**

a. Calcule le volume du parallélépipède quand h = 4 cm. ....

b. Déduis-en la valeur du volume du parallélépipède si la hauteur a triplé. ....

....

....

Auto évaluation Très bien ☐ Bien ☐ Pas assez bien ☐

23 Proportionnalité : pourcentages, fraction d'un nombre

→ Corrigés p.V

J'observe et je retiens

■ **Calculer la fraction $\frac{a}{b}$ d'un nombre c**, c'est multiplier ce nombre c par la fraction $\frac{a}{b}$.

$\frac{a}{b} \times c = \frac{c}{b} \times a = \frac{a \times c}{b}$. Il y a donc trois manières d'effectuer le calcul.

Exemple

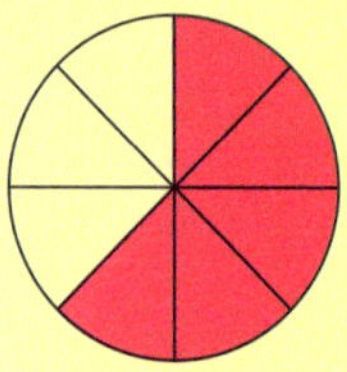

Quand on partage un gâteau en huit parts égales, chaque part représente $\frac{1}{8}$ du gâteau.

5 parts représentent $\frac{5}{8}$ du gâteau (**cinq-huitièmes** du gâteau).

• Pour calculer $\frac{5}{8}$ de 120 €, on peut calculer $\frac{120}{8} \times 5$ ou $\frac{5}{8} \times 120$ ou $\frac{5 \times 120}{8}$.

Ces trois expressions valent 75. $\frac{5}{8}$ de 120 €, c'est 75 €.

■ **Calculer *a* % d'un nombre *n***, c'est multiplier ce nombre *n* par $\frac{a}{100}$.

Exemple Calculer 30 % de 120, c'est calculer $\frac{30}{100}$ de 120. 30 % de 120, c'est 36.

Je m'entraîne

1 ★ **Colorie en orange un tiers de chaque figure.**

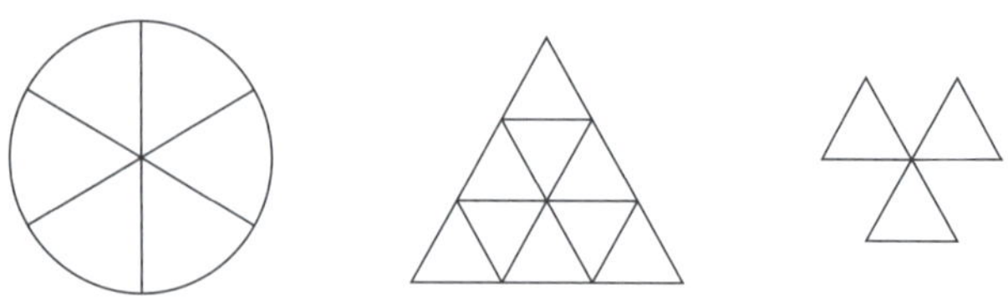

2 ★ **Calcule.**

a. $28 \times \frac{6}{7} =$ ....

b. $\frac{12}{75} \times 30 =$ ....

c. $\frac{9}{14} \times 7 =$ ....

3 ★ **Calcule les cinq douzièmes de 840.**

....

....

4 ★ **Calcule.**

a. 12 % de 37 kg, c'est ....

b. 60 % de 870 m, c'est ....

c. 75 % de 380 personnes, c'est ....

d. 130 % de 84 €, c'est ....

5 ★★ Un gâteau de 540 g contient 30 % de farine, 25 % de chocolat et 20 % de beurre.

Calcule la masse (en g) de chacun des trois ingrédients.

....

....

....

....

6 ★★★ Les $\frac{3}{5}$ des CD de Lucas sont des CD de rap. Il a 14 CD d'un autre genre.

Combien a-t-il de CD en tout ?

....

....

....

....

Auto évaluation Très bien ☐ Bien ☐ Pas assez bien ☐

24 Organisation de données : lecture de tableau

→ Corrigés p.V

J'observe et je retiens

Exemple Ce tableau contient des informations sur les élèves d'un collège.

		6e	5e	4e	3e
Filles	Externes	52	54	48	72
	Demi-pensionnaires	48	73	75	53
Garçons	Externes	63	58	56	64
	Demi-pensionnaires	51	81	77	65
Total		214	266	256	254

Astuce
Pour présenter des informations, il est parfois utile de les traduire dans un tableau.

On lit qu'en 4e, 77 garçons sont demi-pensionnaires.
Mais on peut également effectuer des calculs qui permettront d'obtenir de nouvelles informations.

Exemple 52 + 63 = 115. En 6e, 115 élèves sont externes.

Je m'entraîne

1 ★ Reporte-toi au tableau ci-dessus et complète les phrases.

a. Il y a .... garçons demi-pensionnaires en 3e.

b. Il y a .... filles en 6e.

c. Le nombre de filles externes dans le collège est ....

d. Le nombre de garçons en 5e est ....

e. Ce collège a .... élèves.

2 ★★ Le tableau ci-dessous donne la répartition des élèves selon leur sexe dans deux classes de 6e. Complète les cases vides.

	6e A	6e B	Total
Filles		15	31
Garçons			26
Total	28		

3 ★★ 160 personnes ont répondu aux questions suivantes : « Regardez-vous les matchs de football ? », « Regardez-vous les matchs de basket ? »

		Football	
		Oui	Non
Basket	Oui	45	20
	Non		35

a. Combien de personnes regardent les matchs de football mais pas ceux de basket ?

....

....

b. Combien de personnes regardent les matchs de football ?

....

....

4 ★★★ Fromage ? Dessert ? Les 30 clients du restaurant ont choisi de la façon suivante : 12 ont pris fromage et dessert, 9 ont pris seulement un dessert et 18 ont pris au moins du fromage. Combien n'ont pris ni fromage ni dessert ? Tu peux t'aider d'un tableau à double entrée comme dans l'exercice 3.

....

....

....

Auto évaluation Très bien ☐ Bien ☐ Pas assez bien ☐

25 Organisation de données : diagramme en bâtons

→ Corrigés p.VI

J'observe et je retiens

Exemple On a demandé aux 25 élèves d'une classe de 6e quel était leur principal loisir.

Principal loisir	Sport	Musique	Jeu vidéo	Télévision	Lecture
Nombre d'élèves	5	4	9	4	3

→ 5 élèves ont pour principal loisir le sport. On dit que 5 est l'**effectif** de la réponse « sport ».

■ On peut représenter graphiquement les données recueillies dans ce tableau par un diagramme en bâtons ou en barres. Pour cela, on construit des rectangles ou des segments dont la hauteur est proportionnelle aux effectifs qu'ils représentent.

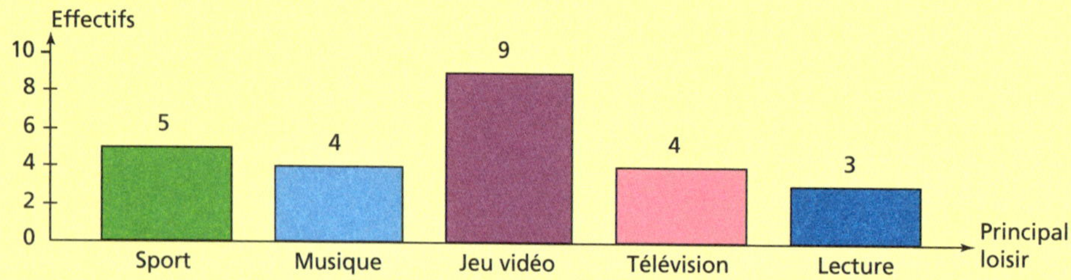

Je m'entraîne

1 ★ **Voici la répartition de l'emploi du temps d'un élève de 6e selon les matières.**

Matière	Français	Maths	Langue	HGEMC	Sciences	Sport	Musique	Dessin	Technologie	Étude
Horaire	6	4	4	2	2	4	1	1	2	2

Sur une feuille à part, représente par un diagramme en bâtons la répartition horaire de son emploi du temps selon les matières.

2 ★ **Voici un diagramme représentant l'alimentation du renard en automne.**

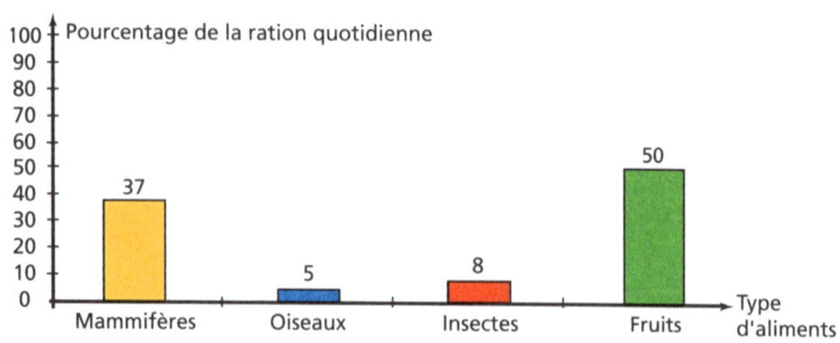

a. Quel est l'aliment que le renard mange en plus grande quantité ?

....

b. Quel pourcentage de sa nourriture représentent les mammifères ?

....

3 ★★★ Comment vous rendez-vous au collège ? Les réponses des 180 élèves de 6e sont : en voiture, à vélo, à pied, en car. 40 viennent à vélo. Ceux qui viennent à pied sont deux fois plus nombreux que ceux qui viennent à vélo. Il y a autant d'élèves qui viennent en voiture qu'en car.

Sur une feuille à part, représente par un diagramme en bâtons la répartition des élèves de 6e selon leur mode de transport.

Auto évaluation Très bien ☐ Bien ☐ Pas assez bien ☐

26 Organisation de données : diagramme circulaire

→ Corrigés p.VI

J'observe et je retiens

Exemple On a demandé aux élèves d'un collège le moyen de transport qu'ils utilisaient pour se rendre en cours. Les réponses recueillies ont permis de compléter le tableau ci-dessous.

Moyen de transport	Voiture	Vélo	À pied	Car
Nombre d'élèves	30	40	80	30

30 + 40 + 80 + 30 = 180. En tout, 180 élèves ont répondu au questionnaire.

Effectif	180	30	40	80
Angle en °	360	**60**	**80**	**160**

L'effectif total est de 180 élèves.
180 élèves seront représentés par un angle de 360°.
Pour trouver la mesure de l'angle qui représente chaque effectif, on utilise un **raisonnement de proportionnalité**.

Répartition des élèves selon le moyen de transport utilisé

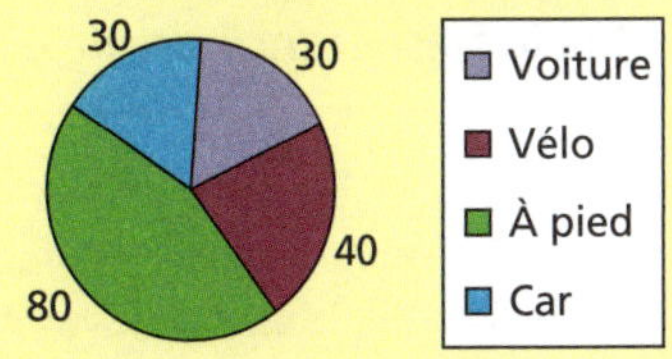

Dans l'exemple, on a utilisé un diagramme circulaire mais on pourrait représenter cette situation par un **diagramme semi-circulaire**. Dans ce cas, l'effectif total serait représenté par un **angle de 180°**.

Je m'entraîne

1 ★ On a demandé à 1 000 personnes leur destination préférée pour les vacances d'hiver. 45 % préfèrent la montagne, 25 % la mer, 20 % la campagne, et 10 % préfèrent rester chez elles.

Complète la légende du diagramme circulaire ci-dessous.

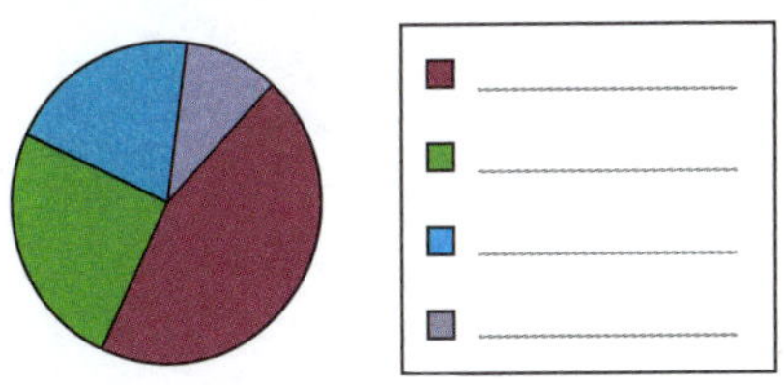

2 ★ Dans une école de musique, les élèves se répartissent de la façon suivante. Le diagramme représente la répartition en pourcentage.

Trouve la valeur du nombre manquant.

....

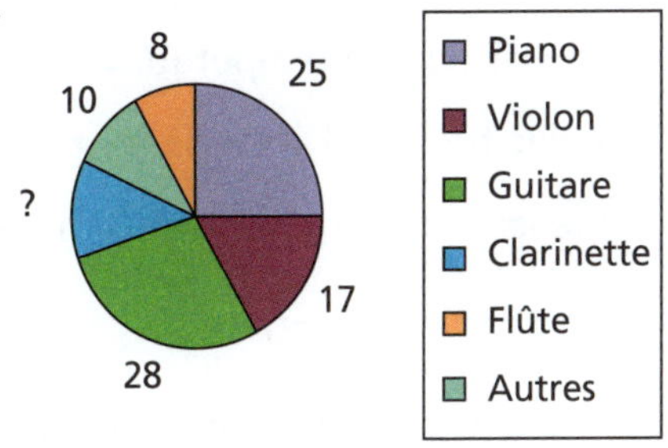

3 ★★ **On a interrogé 225 personnes ne pratiquant qu'un seul sport.**

Sport pratiqué	Football	Tennis	Handball	Athlétisme	Judo	Basket
Nombre de réponses	75	50	20	30	25	25

a. Sur une feuille à part, calcule la mesure des angles qui correspondent à chaque sport dans un diagramme circulaire.

b. Sur une feuille à part, réalise ce diagramme circulaire.

Aide
La totalité des personnes (225) correspond à un angle de 360° et on utilise un raisonnement de proportionnalité.

Auto évaluation Très bien ☐ Bien ☐ Pas assez bien ☐

27 Organisation de données : courbes

→ Corrigés p.VI

J'observe et je retiens

Exemple Un homme né en 1960 a une espérance de vie de 67 ans. Un homme né en 1990 a une espérance de vie de 73 ans.
Selon la courbe :`
- on peut voir comment varie la grandeur représentée sur l'axe des ordonnées (axe vertical) en fonction de la grandeur représentée sur l'axe des abscisses (axe horizontal) ;
- on voit que plus l'année de naissance d'un homme est récente, plus son espérance de vie est grande.

Espérance de vie des hommes en fonction de leur année de naissance

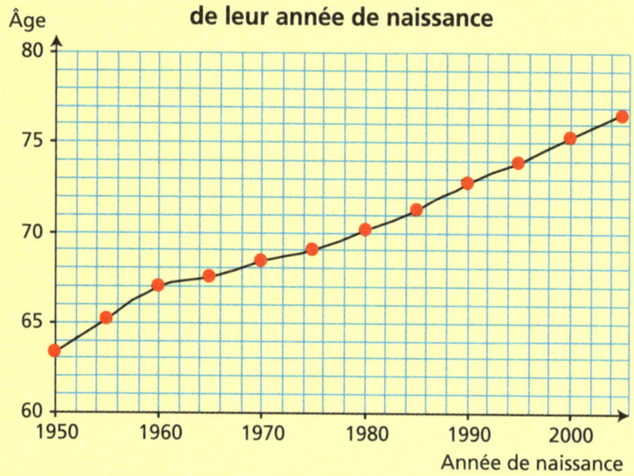

Astuce
Pour présenter des informations, il est parfois utile de les traduire dans un graphique sous forme de courbe.

Je m'entraîne

1 ★ Dans son jardin, Alina a relevé la température toutes les heures. Voici la représentation graphique de l'évolution de la température faite à partir de ces mesures.

Température en fonction de l'heure

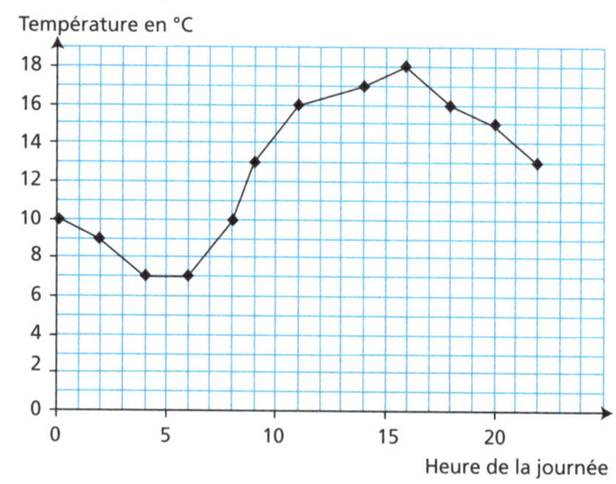

a. Quelle température faisait-il à 8 h le matin ? .... ; à 14 h ? .... ; à 18 h ? ....

b. Décris en une phrase l'évolution de la température en fonction de l'heure de la journée. ....

c. À quelle heure la température est-elle la plus haute ? ....

d. À quelle heure a-t-il fait le plus froid ? ....

e. À quelles heures de la journée faisait-il 16 °C ? ....

2 ★★ On veut construire un enclos rectangulaire le long d'une rivière. L'aire de l'enclos est de 200 m². *L* est la longueur en mètres de la clôture nécessaire. Il n'y a pas de clôture le long de la rivière. On a représenté graphiquement la longueur de la clôture en fonction du nombre x.

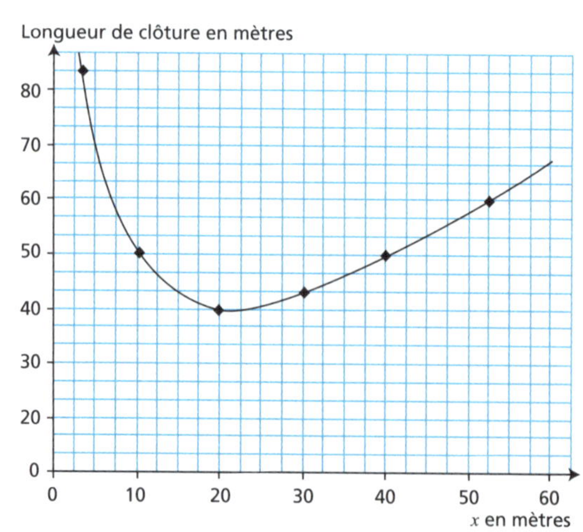

a. Pour quelle valeur de x la longueur de la clôture est-elle la plus petite ? ....

b. Quelle est alors la longueur de la clôture ? ....

c. Si l'on dispose d'un fil de 50 m pour la clôture, quelles sont les dimensions possibles de l'enclos ? ....

Auto évaluation Très bien ☐ Bien ☐ Pas assez bien ☐

Corrigés

NOMBRES ET CALCULS

1 Les nombres entiers naturels — p. 4

1 Pour le nombre 2 320 640 304 :

a. Le premier chiffre 3 à gauche du nombre est le chiffre des **centaines de millions.**

b. Le second chiffre 3 est le chiffre des **centaines des unités simples.**

2 **a.** 5 032 **b.** 4 000 000 **c.** 83 000 **d.** 150 000 000 025 **e.** 11 010 000 000.

3 **a.** Le chiffre des centaines est : **3**. Le nombre de centaines est : **123**. **b.** Le chiffre des dizaines de mille est : **1**. **c.** Quand on ajoute sept centaines à ce nombre, on trouve : **13 045.**

4 Son chiffre des centaines est 8. Donc son chiffre des unités simples est aussi 8. Son chiffre des dizaines est 9. Son chiffre des unités de mille est 4. Le nombre à trouver est : **4 898.**

2 Les nombres décimaux — p. 5

1 Ø09 ; Ø9 500 ; 900 ; Ø2,07ØØ ; Ø0,09 ; Ø 800,08Ø ; 5 003 ; 0,0402 Ø ; Ø54 860 590 ; Ø4 008,02Ø.

2 **a.** Huit-cent-cinquante-trois unités treize-millièmes. **b.** Soixante-quinze-mille-vingt-six unités sept-dix-millièmes. **c.** Quatre-mille-cent-vingt-neuf dix-millièmes.

3 **a.** $7\,014{,}03 = (7 \times 1\,000) + (1 \times 10) + (4 \times 1) + \frac{3}{100}$

b. $0{,}068 = 0 + \frac{6}{100} + \frac{8}{1\,000}$.

4 4,58 ; 73,1856 ; 1563,487 ; **0,08** ; 42633,18 ; 0,98 ; 396,1825.

5

Nombre décimal	1 532,864	85 632,01	4 631 895,476	2,315 7
Chiffre des centaines	5	6	8	0
Chiffre des centièmes	6	1	7	1

6 Son chiffre des dizaines est **9**. Son chiffre des unités simples est **8**. Son chiffre des centaines est **7**. Son chiffre des unités de mille est **4**. Le nombre à trouver est : **4 798**.

7 **a.** 189,6 **b.** 314 021,68 **c.** 13 **d.** 742,134.

3 Comparaison des nombres décimaux — p. 6

1 **a.** 9 789 < 9 798 **b.** 8,705 > 8,507 **c.** 5,11 > 5,012 **d.** 278,21 < 278,9 **e.** 46,35 > 35,46 **f.** 15,02 < 15,2 **g.** 5,6 < 7,6 **h.** 59,457 < 59,76.

2 0,514 < 2,301 < 2,587 < 15,37 < 18,42 < 45,147 < 87,32.

3 45 832 > 458,32 > 45,832 > 4,583 2 > 0,458 32.

4 **a.** 5,34 < **5,35** < 5,37 ; 5,34 < **5,36** < 5,37.
b. 358,78 < **358,79** < 358,81 ; 358,78 < **358,80** < 358,81.
c. 82,4 < **82,46** < 82,5 ; 82,4 < **82,49** < 82,5.
d. 0,02 < **0,06** < 0,1 ; 0,02 < **0,08** < 0,1.

5 **a.** Jules, Clément, Alia, Gladys. – **b.** Clément, Jules, Gladys, Alia.

6 **a.** 0,11 < 1 < 10,01 < 10,1 < 11,01 < 11,1.
b. 99,9 > 99,09 > 90,9 > 90,09 > 90 > 9,09 > 9 > 0,99.

4 Repérage sur une demi-droite graduée — p. 7

1

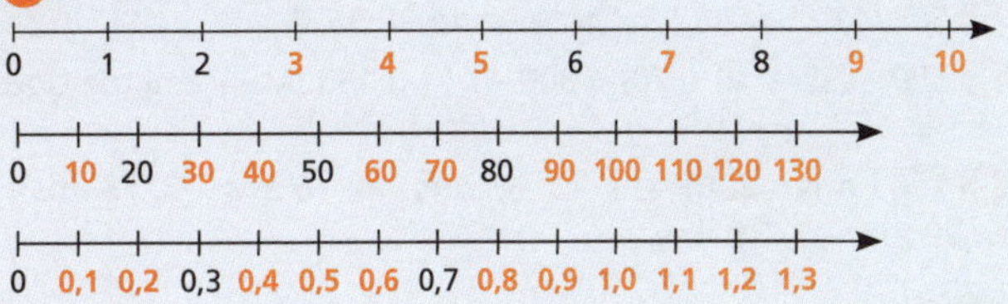

2

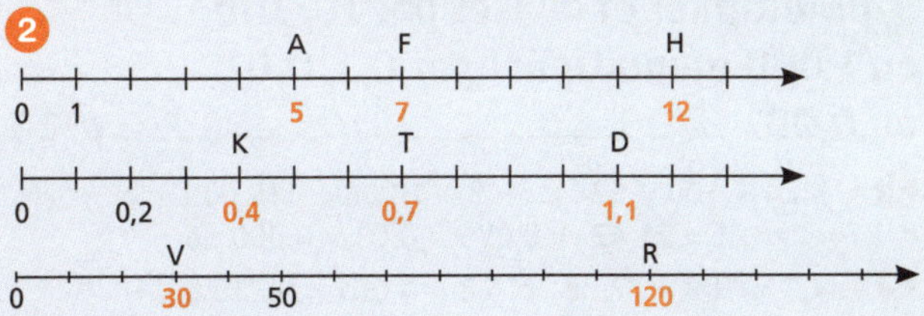

3

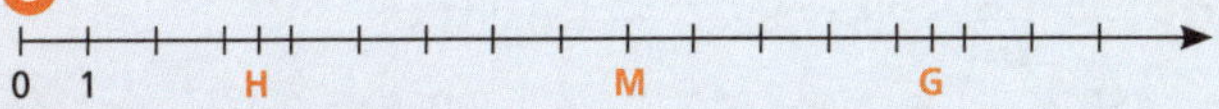

4 **a.**

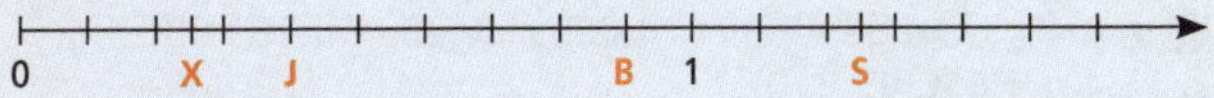

b. 0,25 ; 0,4 ; 0,9 ; 1,25.

5

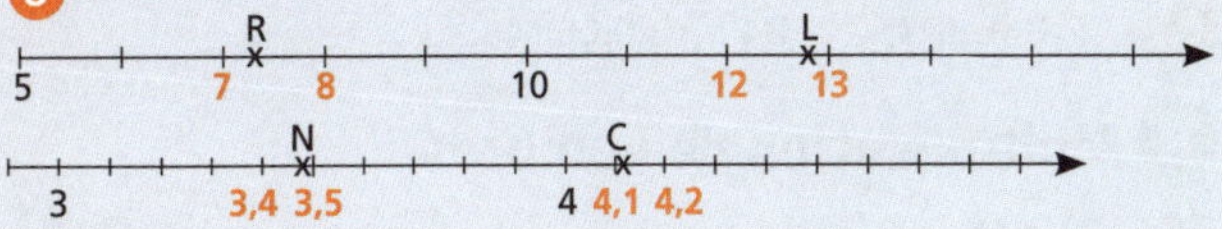

5 Addition de nombres décimaux — p. 8

1

a.
```
      5 3 4
+ 2 6 7 5,6
+   7 9 8,8
-----------
  4 0 0 8,4
```

b.
```
      0, 9 2
+   6 5, 7 5
+ 3 4 4, 5
------------
  4 1 1, 1 7
```

c.
```
  3 5 0 2
+   9 4 5,6
+ 1 3 8 9
-----------
  5 8 3 6,6
```

2 **a.** 126 + 574 = **700** **b.** 7 542 + 939 = **8 481** **c.** 123 + 5 829 + 867 = **6 819** **d.** 52,8 + 872,25 + 2 154,55 = **3 079,6.**

3 **a.** 3 378,52 **b.** 5 437,57 **c.** 19 547,419.

4 (5,50 × 3) + 2,25 + 4,40 = 16,50 + 2,25 + 4,40 = 23,15. Théo a dépensé 23,15 €.

5

8	2	7	3	8
2	7	0	1	9
1	1	0	0	2
8	6	9	7	1
2	4	4	5	3

6	4	5	2	1
6	2	3	7	2
5	7	5	1	3
4	1	5	1	3
2	1	4	2	8

8	8	3	7	2
9	0	0	7	2
1	2	0	1	1
1	7	9	6	6
3	5	4	4	4

6

Corrigés détachables

© Cahier du jour/Cahier du soir – Mathématiques 6e

Corrigés détachables

6 Soustraction de nombres décimaux — p. 9

1

a. $\begin{array}{r} 61{,}00 \\ -\ 0{,}17 \\ \hline \mathbf{60{,}83} \end{array}$ c. $\begin{array}{r} 1\,457{,}00 \\ -\ 522{,}59 \\ \hline 934{,}41 \end{array}$

b. $\begin{array}{r} 2\,876{,}9 \\ -\ 794{,}8 \\ \hline \mathbf{2\,082{,}1} \end{array}$ d. $\begin{array}{r} 2\,183{,}45 \\ -\ 387{,}00 \\ \hline \mathbf{1\,796{,}45} \end{array}$

2 a. 282 b. 1 815,2 c. 4 064,71 d. 7 580,55.

3 a. 2 892,13 b. 519 495,437 c. 31 007,089. d. 3 478,3 e. 364,77 f. 899,35.

4 50 – 11,65 = 38,35. On lui rend **38,35 €**.

5 300 – (32 + 15 + 70) = 300 – 117 = 183. Mon ami me doit 183 €.

6 1. 61 ans – 2. 68 ans – 3. 63 ans – 4. 76 ans – 5. 78 ans – 6. 59 ans – 7. 39 ans.

7 Multiplier et diviser par 10, 100 ou 1 000 et multiplier par 0,1, 0,01 ou 0,001 — p. 10

1 a. 5,24 × 100 = **524** b. 415 × 1 000 = **415 000** c. 214,3 × 0,1 = **21,43** d. 0,056 × 0,01 = **0,000 56**.

2 a. 7,3 × **100** = 730 b. 215,8 × **0,001** = 0,215 8 c. 47,2 × **0,01** = 0,472 d. 0,46 × **100** = 46.

3 a. $\frac{25{,}17}{10}$ = **2,517** b. $\frac{0{,}036}{100}$ = **0,000 36**
c. $\frac{458{,}7}{100}$ = **4,587** d. $\frac{3\,500}{1\,000}$ = **3,5** e. $\frac{2{,}058}{100}$ = **0,020 58**.

4 a. 546,32 b. 62,412 3 c. 4 000 d. 0,25 e. 5 183 000 f. 15,4 g. 54 h. 42 310.

5 a. 100 b. 0,001 c. $\frac{15{,}3}{100}$ d. $\frac{8{,}4}{100}$ e. 100.

6 a. 410 b. 0,354 c. 84,5 d. 0,0014

8 Multiplication de nombres décimaux — p. 11

1

a. $\begin{array}{r} 2\,304 \\ \times\ 2\,597 \\ \hline 16\,128 \\ 207\,360 \\ 1\,152\,000 \\ 4\,608\,000 \\ \hline \mathbf{5\,983\,488} \end{array}$ c. $\begin{array}{r} 79\,453 \\ \times\ 8\,050 \\ \hline 3\,972\,650 \\ 635\,624\,000 \\ \hline \mathbf{639\,596\,650} \end{array}$

b. $\begin{array}{r} 0{,}348 \\ \times\ 2{,}67 \\ \hline 2\,436 \\ 20\,880 \\ 69\,600 \\ \hline \mathbf{0{,}929\,16} \end{array}$ d. $\begin{array}{r} 21{,}93 \\ \times\ 207 \\ \hline 15\,351 \\ 4\,386 \\ \hline \mathbf{4\,539{,}51} \end{array}$

2 a. 171,5 b. 25,296 c. 260,64 d. 15,3664.

3

a. $\begin{array}{r} 3{,}70 \\ \times\ 0{,}85 \\ \hline 1\,850 \\ 29\,600 \\ \hline \mathbf{3{,}1450} \end{array}$ b. $\begin{array}{r} 3{,}7 \\ \times\ 4{,}2 \\ \hline 74 \\ 1\,480 \\ \hline \mathbf{15{,}54} \end{array}$ c. $\begin{array}{r} 3{,}7 \\ \times\ 51 \\ \hline 37 \\ 1\,850 \\ \hline \mathbf{188{,}7} \end{array}$ d. $\begin{array}{r} 3{,}7 \\ \times\ 0{,}9 \\ \hline \mathbf{3{,}33} \end{array}$

Les produits ne sont pas tous supérieurs à 3,7. En effet, le nombre 3,7 multiplié par un nombre strictement inférieur à 1 donne un résultat strictement inférieur à 3,7.

4 15 × 3 + 31 × 3 = 45 + 93 =138 ou bien (15 + 31) × 3 = 46 × 3 = 138.
Ma bibliothèque contient 138 livres.

5 10 – (1,28 × 2,5 + 2,40 × 1,5) = 10 – (3,20 + 3,60) = 10 – 6,80 = **3,20 €**. On lui rend **3,20 €**.

9 Multiples et diviseurs d'un nombre entier — p. 12

1 Les multiples de 12 inférieurs à 90 sont 0 ; 12 ; 24 ; 36 ; 48 ; 60 ; 72 ; 84.

2 Les multiples de 17 inférieurs à 155 et supérieurs à 100 sont 102 ; 119 ; 136 ; 153.

3 Les 10 premiers multiples de 68 sont 0 ; 68 ; 136 ; 204 ; 272 ; 340 ; 408 ; 476 ; 544 ; 612.

4 a. 143 n'est divisible par aucun de ces nombres. – b. 1 230 est divisible par 2 et par 5 car son chiffre des unités est 0 et par 3 parce que la somme de ses chiffres (1 + 2 + 3 = 6) est un multiple de 3. – c. 333 est divisible par 3 et par 9 car la somme de ses chiffres (3 + 3 + 3 = 9) est un multiple de 3 et de 9.

5 Soient *abcd* les nombres de 4 chiffres possibles. Chaque lettre représente un chiffre.
Le chiffre *c* des centaines est 7 donc les nombres s'écrivent *a*7*cd*.
Ils sont multiples de 5, donc ils se terminent par 0 ou 5 : ils deviennent donc *a*7*b*0 ou *a*7*b*5.
Ils sont strictement inférieurs à 2 500, ils s'écrivent donc 17*b*0 ou 17*b*5.
Ils sont multiples de 3, la somme de leurs chiffres est donc un multiple de 3.
1 + 7 + *b* + 0 = 8 + *b* est un multiple de 3 si *b* = 1 ou *b* = 4 ou *b* = 7.
1 + 7 + *b* + 5 = 13 + *b* est un multiple de 3 si *b* = 2 ou *b* = 5 ou *b* = 8.
Les nombres entiers de 4 chiffres dont le chiffre des centaines est 7, strictement inférieurs à 2 500, et multiples de 3 et de 5 sont 1 710 ou 1 740 ou 1 770 ou 1 725 ou 1 755 ou 1 785.

6 Soit *abc* le nombre de CD. En groupant les CD par 2, par 3 ou par 5, il en reste toujours un tout seul.
On a donc (*abc* – 1) CD, à la fois multiple de 2, de 3 et de 5.
S'il est multiple de 2 et de 5 alors il est multiple de 10. Son chiffre des unités est donc 0.
Le nombre de CD étant compris entre 250 et 300, son chiffre des centaines *a* est 2, et comme il est multiple de 3, alors 2 + *b* + 0 est un multiple de 3, d'où *b* = 7.
Le nombre de CD est donc égal à 270 + 1 = 271.

10 Division euclidienne — p. 13

1

a. $\begin{array}{r|l} 130 & 7 \\ \cline{2-2} 60 & 18 \\ 4 & \end{array}$ b. $\begin{array}{r|l} 413 & 23 \\ \cline{2-2} 183 & 17 \\ 22 & \end{array}$ c. $\begin{array}{r|l} 175 & 12 \\ \cline{2-2} 55 & 14 \\ 7 & \end{array}$ d. $\begin{array}{r|l} 550 & 28 \\ \cline{2-2} 270 & 19 \\ 18 & \end{array}$

130 = (7 × **18**) + **4** avec 4 < 7 ; 413 = (23 × **17**) + **22** avec 22 < 23 ; 175 = (12 × **14**) + **7** avec 7 < 12 ; 550 = (28 × **19**) + **18** avec 18 < 19.

2 a. • (14 × 12) + 7 = 175 donc il peut réaliser **14** bouquets de 12 roses.
• Il reste **7** roses.
• 12 – 7 = 5, il lui manque **5** roses.
b. (7 × 18) + 4 = 130 donc **19** tables sont occupées : 18 tables complètes et 1 table avec 4 élèves.
c. • On remplira **19** albums.

© Cahier du jour/Cahier du soir • Mathématiques 5e

• Il y aura **18** photos dans l'album incomplet, 18 = 4 × 4 + 2, **4** pages de cet album seront complètes.

3 16 × 12 = 192 et 17 × 12 = 204. Adrien a rangé **entre 193 et 203** timbres.

11 Quotient de deux nombres ______ p. 14

1 **1.**

a.
```
49  |6
 10 |8,16
  40|
   4|
```
b.
```
517    |4
11     |129,25
  37   |
   10  |
    20 |
     0 |
```
c.
```
94     |12
100    |7,833
   40  |
    40 |
     4 |
```
d.
```
36 |15
 60|2,4
  0|
```

2. $\frac{517}{4}$; $\frac{36}{15}$ sont des nombres décimaux.

3. a. $8 < \frac{49}{6} < 9$ **b.** $7 < \frac{94}{12} < 8$ **c.** $129 < \frac{517}{4} < 130$

d. $2 < \frac{36}{15} < 3$.

2 875 = 28 × **31,25**.

3 Chaque semaine, Léo parcourt l'équivalent de **16** trajets domicile-école. On cherche donc le quotient de 52 par **16** ; $\frac{52}{16} = 3,25$.
La maison de Léo est à **3,25 km** de l'école.

4 5 × 3,44 = 17,20. Les 5 cahiers coûtent 17,20 €.
24,70 – 17,20 = 7,50. Les 6 paquets de feuilles ont coûté 7,50 €.
$\frac{7,5}{6} = 1,25$ donc un paquet de feuilles coûte **1,25 €**.

12 Quotient de deux nombres : valeur approchée d'un quotient ______ p. 15

1 **a.** • 8,2.
• 8,17.
b. $8,1 < \frac{49}{6} < 8,2$.

2 65 800 000 ÷ 552 000 ≈ 119,2. La densité est d'environ **119 habitants au km²**.

13 Quotient de deux nombres : égalité de quotients ______ p. 16

1 **a.** $\frac{7}{5} = \frac{7 \times 4}{5 \times 4} = \frac{28}{20}$ **b.** $\frac{13}{6} = \frac{13 \times 8}{6 \times 8} = \frac{104}{48}$.

2 **a.** $\frac{36}{81} = \frac{4 \times 9}{9 \times 9} = \frac{4}{9}$ **b.** $\frac{25}{45} = \frac{5 \times 5}{9 \times 5} = \frac{5}{9}$.

3 **a.** $\frac{21}{25} = \frac{21 \times 4}{25 \times 4} = \frac{84}{100} = 0,84$ **b.** $\frac{39}{50} = \frac{39 \times 2}{50 \times 2} = \frac{78}{100} = 0,78$

c. $\frac{54}{45} = \frac{54 \div 9}{45 \div 9} = \frac{6}{5} = \frac{6 \times 2}{5 \times 2} = \frac{12}{10} = 1,2$.

4 **a.** $\frac{73,2}{4,8} = \frac{73,2 \times 10}{4,8 \times 10} = \frac{732}{48} = 15,25$

b. $\frac{5,75}{3,2} = \frac{5,75 \times 10}{3,2 \times 10} = \frac{57,5}{32} = 1,796\ 875$.

5 $\frac{241}{0,5} = \frac{241 \times 2}{0,5 \times 2} = \frac{482}{1} = 482$.

6 **a.** 38 × 1,48 = 56,24. Pour 38 L d'essence, il paie **56,24 €**.
b. $\frac{20}{1,48} \approx 13,51$. Avec un billet de 20 €, on peut acheter environ **13,51 L d'essence.**

14 Utilisation des parenthèses dans un calcul ______ p. 17

1 **a.** (7 + 8) × 5 = 15 × 5 = 75
b. 6 × 30 – 21 = 180 – 21 = 159
c. 36 – (6 + 2) × 4 = 36 – 8 × 4 = 36 – 32 = 4
d. [14 – (0,2 × 10 + 8)] × 6 = [14 – (2 + 8)] × 6
= (14 – 10) × 6 = 4 × 6 = 24

2 **a.** 41 – (16 + $\underline{4 \times 0,5}$) = 41 – ($\underline{16 + 2}$) = 41 – 18 = 23
b. $\underline{12 \times 8}$ – 15 + $\underline{5 \times 9}$ = $\underline{96 - 15}$ + 45 = 81 + 45 = 126
c. ($\underline{61 - 22}$) × [13,6 – ($\underline{4,1 + 7,5}$)] = 39 × ($\underline{13,6 - 11,6}$)
= 39 × 2 = 78

3 **a.** A = 39 + 3 × 15 = 39 + 45 = 84
b. B = 25 × (130 – 92) = 25 × 38 = 950
c. C = 0,25 × 4 + 2 × 27 = 1 + 54 = 55
d. D = 0,72 – 4 × 0,18 = 0,72 – 0,72 = 0

4 (5 × 2 + 6) – (0,75 × 2 + 1,90 × 3 + 7,50) = 16 – 14,70
= 1,30

Il leur restera 1,30 €.

5 **a.** (6 + 5) × 4 – [3 – (2 + 1)] = 44
b. 6 + 5 × (4 – 3) – 2 + 1 = 10
c. 6 + 5 × 4 – [3 – (2 + 1)] = 26
d. 6 + 5 × (4 – 3) – (2 + 1) = 8

15 Résolution d'un problème ______ p. 18

1 **Méthode 1 :** coût des oursons : 0,15 × 6 = 0,90 €.
Il lui reste : 1,9 – 0,9 = 1 € pour acheter des chewing-gums.
Mathis pourra acheter $\frac{1}{0,2} = 5$ chewing-gums.
Méthode 2 : le nombre de chewing-gums achetés est :
$\frac{1,9 - (0,15 \times 6)}{0,2} = \frac{1,9 - 0,9}{0,2} = \frac{1}{0,2} = 5$.

2 Nina achète 4 livres à **5,25** € l'un et **3** magazines à 2,30 € le magazine. Elle paie avec un billet de **50** €. La libraire lui rend **22,10 €**.

3 • Problème n° 1 : **expression n° 1**
• Problème n° 2 : **expression n° 3**.

4 **1re méthode :** prix d'un forfait enfant : 35 – 7 = 28,
prix des forfait enfants : 28 × 3 = 84 €,
prix des forfaits adultes : 35 × 2 = 70 €,
prix des forfaits de la famille entière : 84 + 70 = 154 €,
prix des 5 menus : 12 × 5 = 60 €,
prix des 3 limonades : 3 × 3 = 9 €,
prix des 2 cafés : 2 × 2 = 4 €,
somme dépensée au restaurant : 60 + 9 + 4 = 73 €,
dépense de la journée complète : 154 + 73 = **227** €.
2de méthode : la dépense de la journée au ski de toute la famille est :
(35 × 2) + [3 × (35 – 7)]+ (12 × 5) + (3 × 3) + (2 × 2)
= 70 + 84 + 60 + 9 + 4 = 227.
La famille a dépensé **227** €.

16 Écriture fractionnaire des nombres décimaux ______ p. 19

1 **a.** 0,048 **b.** 0,006 1 **c.** 57,3 **d.** 24,81.

2 **a.** $\frac{2\ 147}{1\ 000}$ **b.** $\frac{16}{1\ 000}$ **c.** $\frac{3\ 481}{100}$ **d.** $\frac{5\ 214}{1\ 000}$.

3 **a.** $3,4 = \frac{34}{10} = \frac{340}{100}$ **b.** $0,02 = \frac{2}{100} = \frac{200}{10\ 000}$

c. $58,31 = \frac{5\ 831}{100} = \frac{58\ 310}{1\ 000}$ **d.** $73 = \frac{730}{10} = \frac{730\ 000}{10\ 000}$.

© Cahier du jour/Cahier du soir – Mathématiques 6e

4 a. $1{,}21 = \frac{121}{100} = \frac{1\,210}{1\,000}$ b. $41{,}2 = \frac{4\,120}{100} = \frac{412}{10} = \frac{41\,200}{1\,000}$

c. $0{,}056 = \frac{56}{1\,000} = \frac{560}{10\,000}$.

5 a. $25 + 0{,}9 = \mathbf{25{,}9}$ b. $179 + 0{,}1 = \mathbf{179{,}1}$ c. $6 + 0{,}07 = \mathbf{6{,}07}$
d. $210 + 0{,}3 + 0{,}004 = \mathbf{210{,}304}$.

6 $0{,}26 < \frac{2\,006}{1\,000} < \frac{206}{100} < 2{,}59 < 2{,}6 < \frac{2\,614}{1\,000} < \frac{263}{100} < 2{,}72$.

17 Addition et soustraction de fractions décimales — p. 20

1 a. $\frac{30}{100}$ b. $\frac{145}{10}$.

2 a. $\frac{5 \times 100}{100 \times 100} + \frac{6 \times 10}{1\,000 \times 10} + \frac{91}{10\,000}$

$= \frac{500 + 60 + 91}{10\,000} = \frac{651}{10\,000}$

b. $\frac{432 - 25 \times 10}{100} = \frac{432 - 250}{100} = \frac{182}{100}$

c. $\frac{76 + 119 \times 10 + 5 \times 100}{1\,000} = \frac{76 + 1\,190 + 500}{1\,000} = \frac{1\,766}{1\,000}$

d. $\frac{216 \times 10}{100 \times 10} - \frac{512}{1\,000} = \frac{2\,160 - 512}{1\,000} = \frac{1\,648}{1\,000}$.

3 a. $15{,}054 + 0{,}625 + 2{,}87 = \mathbf{18{,}549}$ b. $12 - 6{,}5 = \mathbf{5{,}5}$.

4 a. $\frac{424 + 15 + 658}{10} = \frac{1\,097}{10} = \mathbf{109{,}7}$

b. $\frac{524}{10} - \frac{763}{100} = \frac{5\,240 - 763}{100} = \frac{4\,477}{100} = \mathbf{44{,}77}$

c. $\frac{51\,620 + 84\,700 + 5\,412}{1\,000} = \frac{141\,732}{1\,000} = \mathbf{141{,}732}$.

5 La quantité restante de jus d'orange est égale à :
Méthode 1 : $1{,}5 - (0{,}5 + 0{,}25 + 0{,}20) = 1{,}5 - 0{,}95 = \mathbf{0{,}55}$ **L.**
Méthode 2 : $1{,}5 - (0{,}5 + 0{,}25 + 0{,}20)$

$= \frac{15}{10} - \left(\frac{5}{10} + \frac{25}{100} + \frac{20}{100}\right)$

$= \frac{150}{100} - \frac{95}{100} = \frac{55}{100} = \mathbf{0{,}55}$ **L.**

18 Multiplication de fractions décimales — p. 21

1 a. $\frac{21 \times 2}{100 \times 10} = \frac{42}{1\,000} = 0{,}042$

ou bien $\frac{21}{100} \times \frac{2}{10} = 0{,}21 \times 0{,}2 = \mathbf{0{,}042}$

b. $0{,}075 \times 0{,}4 = \mathbf{0{,}03}$

c. $4{,}1 \times 0{,}05 = \mathbf{0{,}205}$

d. $1{,}25 \times 0{,}008 = \mathbf{0{,}01}$

e. $0{,}05 \times 0{,}78 = \mathbf{0{,}039}$

f. $2{,}5 \times 0{,}4 = 1$ ou bien $\frac{25}{10} \times \frac{40}{100} = \frac{25 \times 40}{10 \times 100} = \frac{1\,000}{1\,000} = \mathbf{1}$

g. $\frac{246}{100} \times \frac{100}{1\,000} = 2{,}46 \times 0{,}1 = \mathbf{0{,}246}$

h. $5{,}2 \times 0{,}24 = \mathbf{1{,}248}$

i. $20{,}6 \times 2{,}5 = \mathbf{51{,}5}$.

2 a. $0{,}4 \times 1{,}5 = \frac{4}{10} \times \frac{15}{10} = \frac{4 \times 15}{10 \times 10} = \frac{60}{100} = \mathbf{0{,}6}$

b. $1{,}75 \times 0{,}4 = \frac{175 \times 4}{100 \times 10} = \frac{700}{1\,000} = \mathbf{0{,}7}$

c. $26{,}4 \times 0{,}02 = \frac{264 \times 2}{10 \times 100} = \frac{528}{1\,000} = \mathbf{0{,}528}$.

3 a. $0{,}0372$ b. $\frac{372}{100} \times \frac{1}{100} = \frac{372}{10\,000}$.

4 a. $2{,}5 \times 0{,}1 = \mathbf{0{,}25} = \frac{25}{100}$

b. $150 \times 0{,}01 = \mathbf{1{,}5} = \frac{15}{10}$

c. $0{,}31 \times 0{,}001 = \mathbf{0{,}000\,31} = \frac{31}{100\,000}$

d. $47 \times 0{,}1 = \mathbf{4{,}7} = \frac{47}{10}$.

5 a. $7{,}8 = \frac{78}{\mathbf{10}} = 78 \times \mathbf{0{,}1}$

b. $0{,}06 = \frac{6}{\mathbf{100}} = 6 \times \mathbf{0{,}01}$

c. $\frac{185}{100} = \mathbf{185 \times 0{,}01 = 1{,}85}$.

6 a. L'aire de la gravure est : $\mathbf{75 \times 250 = 18\,750}$ **cm² ou 1,875 m².**
b. La longueur mesure 75 cm = 0,75 m = $\frac{75}{100}$ m et la largeur mesure **25 dm** = $\frac{25}{10}$ m.

Son aire mesure : $\frac{75}{100} \times \frac{25}{10} = \frac{75 \times 25}{100 \times 10} = \frac{1\,875}{1\,000} = \mathbf{1{,}875}$ **m².**

19 Égalité entre deux ou plusieurs fractions — p.22

1 Les fractions égales entre elles sont entourées de la même couleur.

$\frac{14}{12} = \frac{2 \times 7}{2 \times 6} = \frac{7}{6}$; $\frac{70}{60} = \frac{7 \times 10}{6 \times 10} = \frac{7}{6}$; $\frac{21}{18} = \frac{3 \times 7}{3 \times 6} = \frac{7}{6}$

$\frac{9}{12} = \frac{3 \times 3}{3 \times 4} = \frac{3}{4}$; $\frac{16}{40} = \frac{8 \times 2}{8 \times 5} = \frac{2}{5}$; $\frac{12}{30} = \frac{6 \times 2}{6 \times 5} = \frac{2}{5}$

$\frac{24}{60} = \frac{12 \times 2}{12 \times 5} = \frac{2}{5}$; $\frac{15}{60} = \frac{15 \times 1}{15 \times 4} = \frac{1}{4}$; $\frac{12}{45} = \frac{3 \times 4}{3 \times 15} = \frac{4}{15}$.

2 a. $\frac{840}{700} = \frac{10 \times 84}{10 \times 70} = \frac{84}{70} = \frac{7 \times 12}{7 \times 10} = \frac{12}{10} = \mathbf{\frac{6}{5}}$

b. $\frac{18}{45} = \frac{9 \times 2}{9 \times 5} = \mathbf{\frac{2}{5}}$

c. $\frac{25}{60} = \frac{5 \times 5}{5 \times 12} = \mathbf{\frac{5}{12}}$.

3 $\frac{18}{8} = \frac{2 \times 9}{2 \times 4} = \frac{9}{4}$; $\frac{45}{20} = \frac{5 \times 9}{5 \times 4} = \frac{9}{4}$; $\frac{90}{40} = \frac{10 \times 9}{10 \times 4} = \frac{9}{4}$;

$\frac{36}{16} = \frac{4 \times 9}{4 \times 4} = \frac{9}{4}$. Il en existe une infinité.

4 $\frac{18}{45} = \frac{9 \times 2}{9 \times 5} = \frac{2}{5} = \frac{4}{10} = 0{,}4$

et $\frac{63}{225} = \frac{9 \times 7}{9 \times 25} = \frac{7}{25} = \frac{7 \times 4}{25 \times 4} = \frac{28}{100} = 0{,}28$.

5 $\frac{19}{0{,}32} = \frac{19 \times 100}{0{,}32 \times 100} = \frac{1\,900}{32} = 59{,}375$

et $\frac{0{,}15}{1{,}6} = \frac{0{,}15 \times 10}{1{,}6 \times 10} = \frac{1{,}5}{16} = 0{,}09375$.

6 **Première méthode :** $\frac{4}{5} = 0{,}8$ h et $\frac{3}{4} = 0{,}75$ h.
Le second automobiliste a été le plus rapide.

Seconde méthode : on multiplie le numérateur et le dénominateur de $\frac{4}{5}$ par 4 et $\frac{3}{4}$ par 5.

On obtient $\frac{4}{5} = \frac{16}{20}$ et $\frac{3}{4} = \frac{15}{20}$. On a $\frac{15}{20} < \frac{16}{20}$.
Le second automobiliste a donc été le plus rapide.

© Cahier du jour/Cahier du soir – Mathématiques 5e

20 Opérations à trous p. 23

1

Égalité	Calcul à effectuer	Valeur du nombre
13 + ... = 128	128 – 13	115
103 - ...... = 87	103 – 87	16
6 × ...... = 408	$\frac{408}{6}$	68
18,5 + ... = 72	72 – 18,5	53,5
41,7 – ...... = 10,2	41,7 – 10,2	31,5
...... – 41 = 209,6	209,6 + 41	250,6
5 × 3 × .... = 504	$\frac{504}{15}$	33,6

2 **a.** Si $x + 7{,}2 = 18{,}5$, alors $x = 18{,}5 - 7{,}2 = \mathbf{11{,}3}$.
b. Si $89 - t = 6{,}4$, alors $t = 89 - 6{,}4 = \mathbf{82{,}6}$.
c. Si $8 \times z = 74$, alors $z = \frac{74}{8} = \mathbf{9{,}25}$.

3
a. $\begin{array}{r} 7\,3\,8 \\ +\ \ 4\,5\,6 \\ \hline 1\,1\,9\,4 \end{array}$
b. $\begin{array}{r} 7\,8\,4 \\ -\ \ 3\,9\,3 \\ \hline 3\,9\,1 \end{array}$
c. $\begin{array}{r} 6\,5\,8 \\ \times\ \ \ \ 4 \\ \hline 2\,6\,3\,2 \end{array}$

4 KI = 25 – (4,3 + 6 + 10,5) = 25 – 20,8 = 4,2 cm. Le segment [KI] mesure **4,2 cm**.

5 Si ***t*** est le plus petit des deux nombres, alors 308 – ***t*** = 29, et donc ***t*** = 308 – 29 = 279.
Le plus petit des deux nombres est égal à **279**.

21 Proportionnalité : définitions p. 24

1 **a.** 1,5 kg **b.** 4,50 € **c.** 9,40 €.

2 $\frac{3{,}36}{1{,}6} = 2{,}1$.

Masse en kg	1,6
Prix en €	3,36

(× 2,1)

3 $\frac{25{,}5}{3} = 8{,}5$; $\frac{34}{4} = 8{,}5$; $\frac{59{,}5}{7} = 8{,}5$.
Les trois quotients sont égaux, par conséquent le tableau est un tableau de proportionnalité et son coefficient est 8,5. C'est le prix de location d'une journée.

4 **a.** Non, la taille d'un enfant n'est pas proportionnelle à son âge. Sinon, s'il mesure 1,05 m à 4 ans, alors il mesurerait 2,10 m à 8 ans et 4,20 m à 16 ans !
b. Non, la longueur du côté d'un carré et son aire ne sont pas des grandeurs proportionnelles. Un carré de côté 3 cm a une aire de 9 cm². Un carré de côté 6 cm a une aire de 36 cm². Le côté du second carré mesure le double de celui du premier carré, mais son aire n'est pas doublée.

5 **a.** La distance réelle entre la mairie et l'école est 2 000 × 35 = 70 000 cm. La distance réelle entre la mairie et l'école est de **700 m**.
b. 1,850 km = 1 850 m. La longueur de cette rue sur le plan est $\frac{1\,850}{2\,000} = 0{,}925$ m. La longueur de cette rue sur le plan est de **92,5 cm**.

22 Proportionnalité : méthode de calcul p. 25

1 **a.**

Durée en min	20
Distance en km	40

(× 2)

b. 20 km est la moitié de 40 km, donc la voiture mettra la moitié de 20 min, c'est-à-dire **10 min**.
c. 160 km = 40 × 4 km. On a 20 × 4 = 80, donc la voiture mettra **80 min** pour parcourir 160 km.
d. 1 h, c'est le triple de 20 min. On a 40 × 3 = 120, donc en 1 h, la voiture parcourt **120 km**.

2 **a.** 3 kg, c'est $\frac{3}{5}$ de 5 kg. On paiera $\frac{3}{5}$ de 16 €.
$\frac{3}{5} \times 16 = 9{,}60$. Pour 3 kg de pommes, on paie **9,60 €**.
b. 20 €, c'est $\frac{5}{4}$ de 16 €. On peut donc acheter $\frac{5}{4}$ de 5 kg.
$\frac{5}{4} \times 5 = 6{,}25$. Avec 20 €, on peut acheter **6,25 kg** de pommes.

3 **a.** 1,5 × 2 = 3. Il y a donc 3 L en 10 minutes.
21 = 7 × 3. Donc 21 L se seront échappés en 7 × 10 = **70 min**.
b. 2 h = 120 min. 120 = 12 × 10. 1,5 × 2 × 12 = 36. En 2 h ou 120 min, il s'échappera **36 L**.

4 **a.** Le volume du parallélépipède est égal à 20 × 4 = **80 cm³**.
b. Le volume du parallélépipède est proportionnel à sa hauteur. Si la hauteur triple, le volume triplera.
80 × 3 = 240. Pour une hauteur triple, le volume du parallélépipède est de **240 cm³**.

23 Proportionnalité : pourcentages, fraction d'un nombre p. 26

1

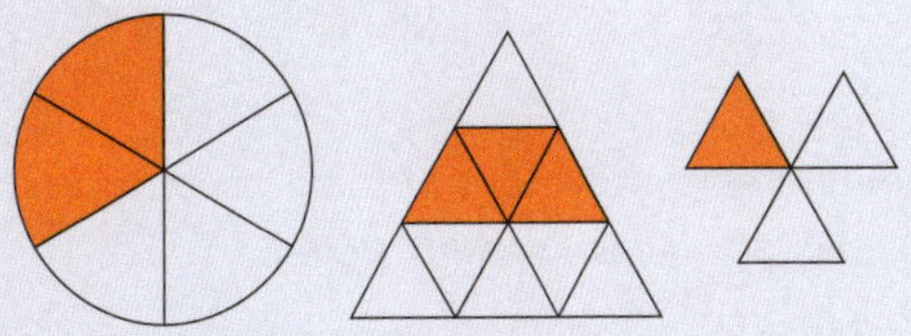

2 **a.** $28 \times \frac{6}{7} = \frac{28}{7} \times 6 = 4 \times 6 = \mathbf{24}$
b. $\frac{12}{75} \times 30 = \frac{12 \times 30}{75} = \frac{360}{75} = \mathbf{4{,}8}$
c. $\frac{9}{14} \times 7 = 9 \times \frac{7}{14} = \frac{9}{2} = \mathbf{4{,}5}$.

3 $\frac{5}{12} \times 840 = \frac{840}{12} \times 5 = 70 \times 5 = \mathbf{350}$.

4 **a.** 4,44 kg **b.** 522 m **c.** 285 personnes **d.** 109,20 €.

5 $540 \times \frac{30}{100} = 162$, $540 \times \frac{25}{100} = 135$ et $540 \times \frac{20}{100} = 108$.
Le gâteau contient 162 g de farine, 135 g de chocolat et 108 g de beurre.

6 Les 14 CD représentent $\frac{2}{5}$ des CD de Lucas. Donc $\frac{1}{5}$ des CD de Lucas correspondent à 14 ÷ 2, c'est-à-dire 7 CD. 7 × 5 = 35 ; Lucas a 35 CD.

24 Organisation de données : lecture de tableau p. 27

1 **a.** Il y a **65** garçons demi-pensionnaires en 3ᵉ.
b. Il y a **100** filles en 6ᵉ.
c. Le nombre de filles externes dans le collège est **226**.
d. Le nombre de garçons en 5ᵉ est **139**.
e. Ce collège a **990** élèves.

2

	6ᵉ A	6ᵉ B	Total
Filles	16	15	31
Garçons	12	14	26
Total	28	29	57

3 **a.** 160 – (45 + 20 + 35) = 60. **60** personnes regardent les matchs de football mais pas ceux de basket.
b. 45 + 60 = 105. **105** personnes regardent les matchs de football.

© Cahier du jour/Cahier du soir – Mathématiques 6ᵉ

4

		Dessert		
		Oui	Non	Total
Fromage	Oui	12	6	18
	Non	9	3	12

18 ont pris au moins du fromage, c'est-à-dire que 18 personnes ont pris du fromage avec ou sans dessert. 12 ont pris fromage et dessert. 18 – 12 = 6. Donc 6 personnes ont pris du fromage, mais pas de dessert.
30 – (12 + 6 + 9) = 3. Donc **3** personnes n'ont pris ni fromage ni dessert.

25 Organisation de données : diagramme en bâtons ____ p. 28

1

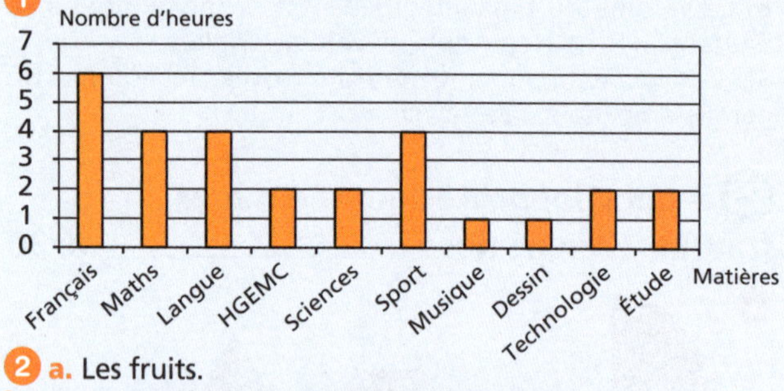

2 a. Les fruits.
b. Les mammifères représentent 37 % de sa nourriture.

3 2 × 40 = 80. 80 élèves viennent à pied.
180 – (40 + 80) = 60. $\frac{60}{2} = 30$.
30 élèves viennent en voiture et 30 élèves viennent en car.

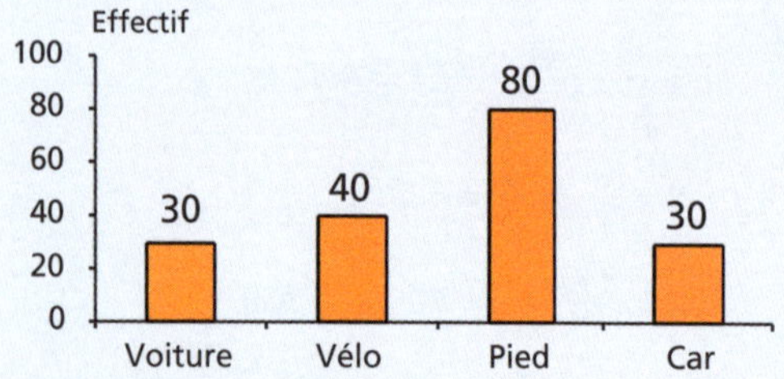

26 Organisation de données : diagramme circulaire ____ p. 29

1

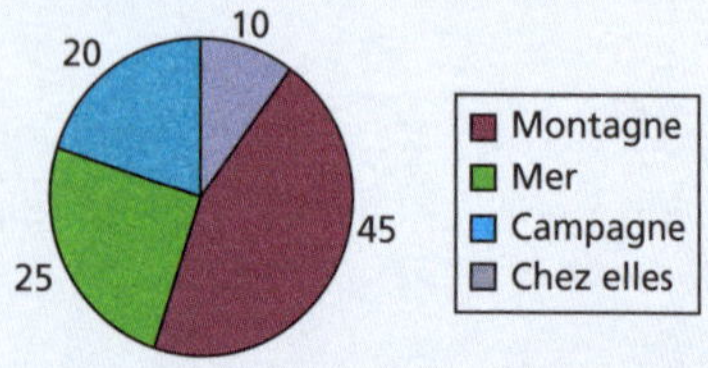

2 100 – (10 + 8 + 25 + 17 + 28) = 100 – 88 = 12.
12 % des élèves de cette école de musique jouent de la clarinette.

3 L'angle qui représente le football est $360 \times \frac{75}{225} = \mathbf{120°}$.

L'angle qui représente le tennis est $360 \times \frac{50}{225} = \mathbf{80°}$.

L'angle qui représente le handball est $360 \times \frac{20}{225} = \mathbf{32°}$.

L'angle qui représente l'athlétisme est $360 \times \frac{30}{225} = \mathbf{48°}$.

L'angle qui représente le judo ou le basket est $360 \times \frac{25}{225} = \mathbf{40°}$.

b.

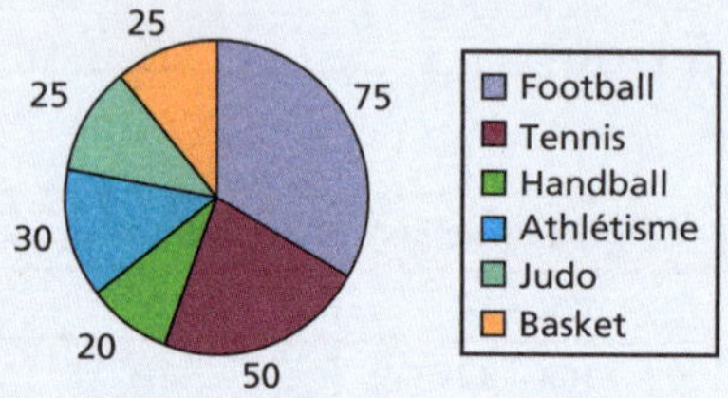

27 Organisation de données : courbes ____ p. 30

1 a. À 8 h du matin, il faisait 10 °C ; à 14 h : 17 °C ; à 18 h : 16 °C.
b. De minuit à 5 h, la température diminue, de 5 h à 16 h, la température augmente et de 16 h à 22 h, la température diminue.
c. À 16 h, la température est la plus élevée : 18 °C.
d. Entre 4 h et 6 h, la température est la plus froide : 7 °C.
e. Il faisait 16 °C à 11 h et à 18 h.

2 a. La longueur de la clôture est la plus petite pour $x = 20$ m.
b. La clôture a alors une longueur de 40 m.
c. Quand la clôture a une longueur de 50 m, $x = 10$ m ou $x = 40$ m.
Calcul de la seconde dimension de l'enclos : $\frac{200}{x}$.
Quand $x = 10$ m, les dimensions de l'enclos sont 10 m et 20 m.
Quand $x = 40$ m, les dimensions de l'enclos sont 40 m et 5 m.

ESPACE ET GÉOMÉTRIE

28 Droite et demi-droite ____ p. 31

1 a. H ∈ (JF) b. H ∈ [FJ) c. P ∈ (HJ)
d. H ∉ [JF) e. S ∉ (JF) f. J ∈ [HP)

2 La droite (OM) peut aussi s'écrire (OK), (MK), (OI), (IM) ou (IK).

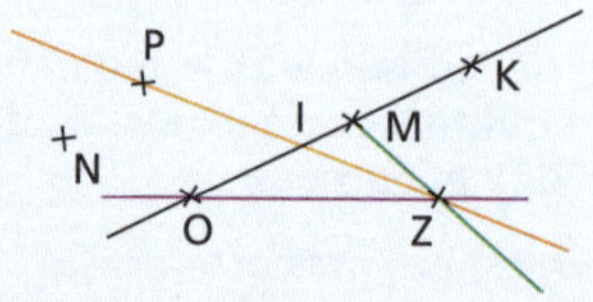

3 a. et b.

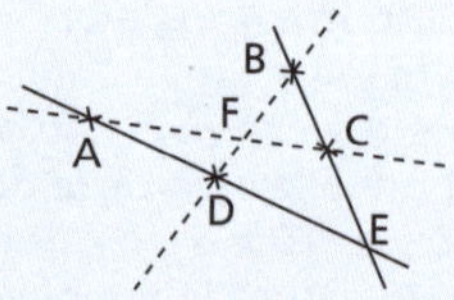

4

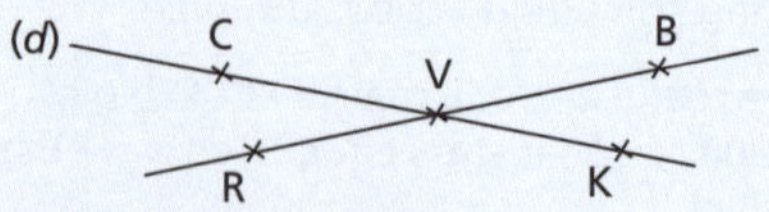

29 Segment de droite ____ p. 32

1

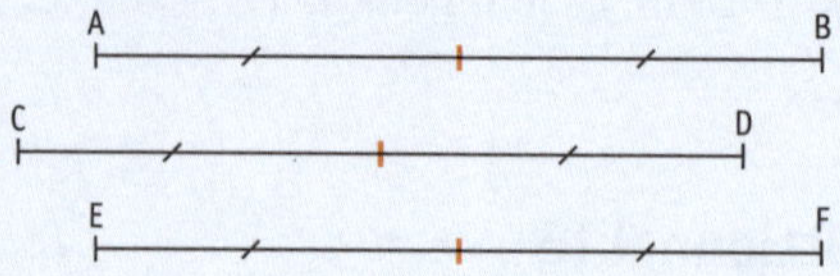

2 On peut placer deux points distincts M_1 et M_2 sur la droite (AB) de telle façon que le point A soit le milieu du segment $[M_1M_2]$.

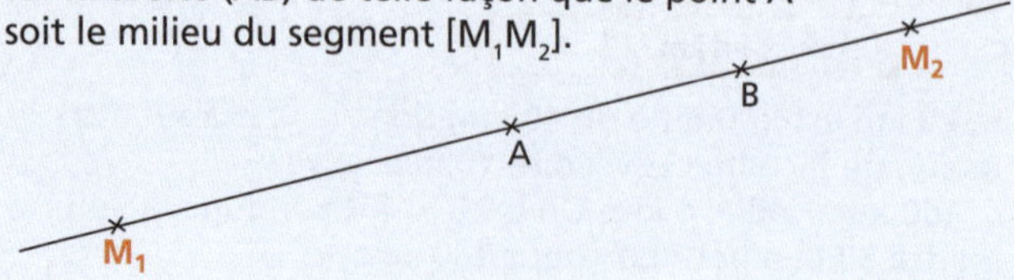

Corrigés détachables

© Cahier du jour/Cahier du soir – Mathématiques 6e

3 **a.** K ∉ [EV] **b.** V ∈ (SK) **c.** K ∉ [HS] **d.** K ∈ (HS) **e.** H ∈ [VS] **f.** E ∉ [HV] **g.** K ∉ [HS] **h.** K ∈ [SH]

4

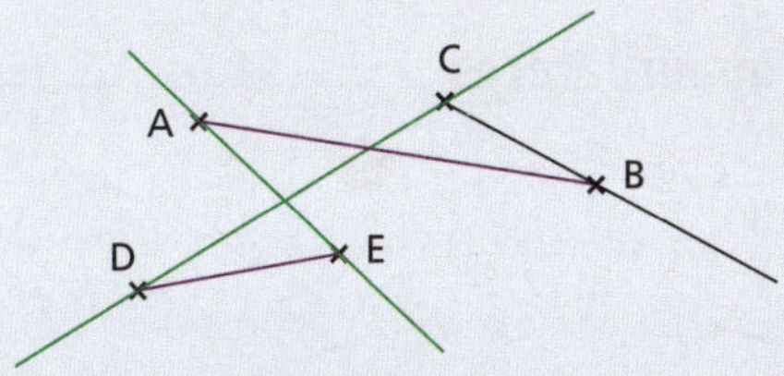

5

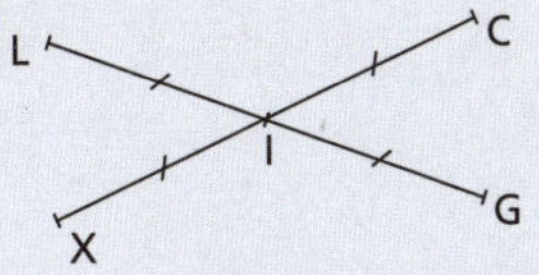

30 Position de deux droites p. 33

1 **a.** Deux droites perpendiculaires : les droites (d_1) et (d_2) ou encore les droites (JM) et (FM).
b. La droite (d_3) peut être nommée (MF) ou (FG) ou (GM) ou (EM) ou (EF) ou (EG).
c. Trois points alignés : J, E et H ou V, H et G ou F, M et E ou P, J et M ou E, M et G ou M, F et G ou P, H et V.
d. Le point H n'est pas sur la demi-droite [JE).

2 **a.** La droite (PE) et la droite (PH) sont **perpendiculaires**.
b. La droite (PE) et la droite (AE) sont **sécantes**.
c. La droite (AE) et la droite (PG) sont **perpendiculaires**.
d. La droite (AE) et la droite (HG) semblent **parallèles**.
e. La droite (PE) et la droite (GH) sont **sécantes**.

3

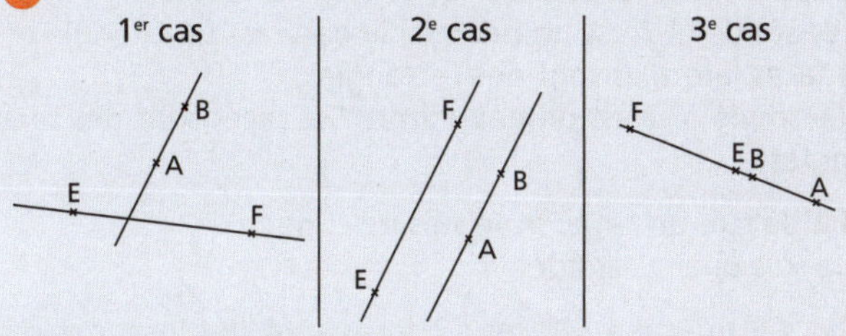

31 Droites perpendiculaires : construction p. 34

1

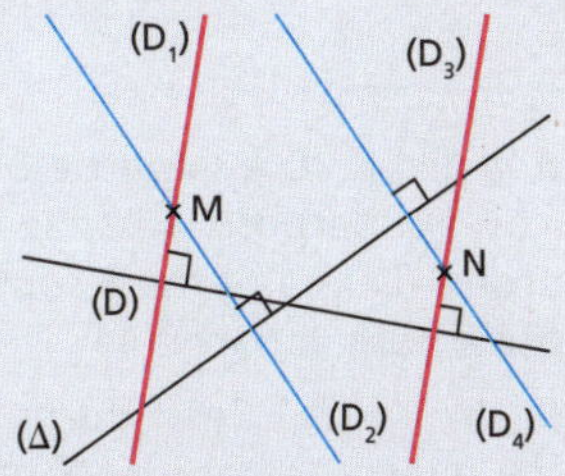

32 Droites parallèles et perpendiculaires (1) p. 35

1 **a.** D'après l'énoncé, on a $(d_1) \perp (d)$ et $(d_5) \perp (d)$.
On sait que si deux droites sont perpendiculaires à une même droite, alors elles **sont parallèles**. Donc les droites (d_1) et (d_5) sont **parallèles**.
b. D'après l'énoncé, on a : $(d_4) \perp (d_6)$ et $(d_4) \perp (d_2)$.
On sait que si deux droites sont perpendiculaires **à une même droite, alors elles sont parallèles**. Donc les droites (d_2) et (d_6) sont parallèles.

2 **b.** Démontrons que les droites (AB) et (EC) sont parallèles.

a.

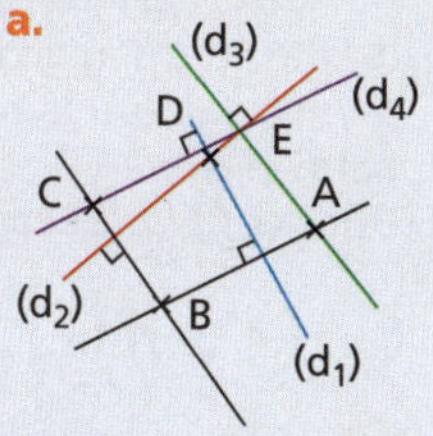

- (d_1) est la droite perpendiculaire à (AB) passant par D, on a donc : $(d_1) \perp$ (AB).
- (d_4) est la droite perpendiculaire à la droite (d_1) passant par C, on a donc : $(d_4) \perp (d_1)$.
- Les droites (d_3) et (d_4) se coupent en E, donc E appartient à la droite (d_4).
- Par conséquent, on a (EC) $\perp (d_1)$ et $(d_1) \perp$ (AB). On sait que **si deux droites sont perpendiculaires à une même droite, alors elles sont parallèles.** On en déduit que les droites (AB) et (EC) sont parallèles.

33 Droites parallèles et perpendiculaires (2) p. 36

1 **a.**

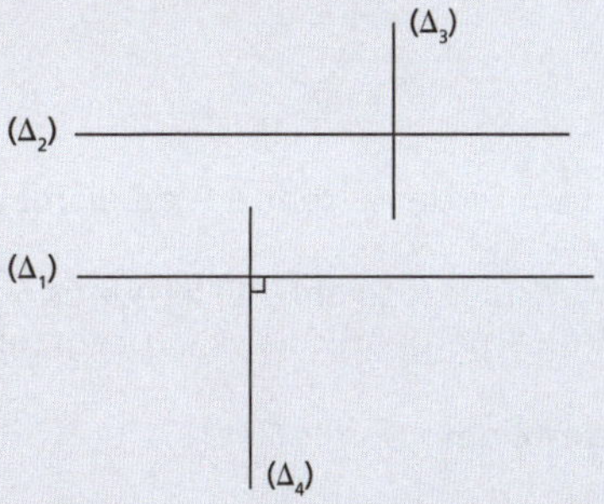

b. On va démontrer que (Δ_1) et (Δ_3) sont des droites perpendiculaires. D'après l'énoncé, on a $(\Delta_2) // (\Delta_1)$ et $(\Delta_3) \perp (\Delta_2)$ et on sait que si deux droites sont parallèles, alors **toute droite perpendiculaire à l'une est perpendiculaire à l'autre**. Donc les droites (Δ_1) et (Δ_3) sont **perpendiculaires**.
c. On va démontrer que (Δ_3) et (Δ_4) sont parallèles. D'après la question précédente, on sait que $(\Delta_1) \perp (\Delta_3)$. D'après l'énoncé, on sait que $(\Delta_4) \perp (\Delta_1)$. On sait que si deux droites sont perpendiculaires **à une même droite, alors elles sont parallèles**. Donc les droites (Δ_3) et (Δ_4) **sont parallèles**.

2 Démontrons que (Δ_2) et (Δ_4) sont perpendiculaires.
D'après l'énoncé, on sait que $(\Delta_1) \perp (\Delta_4)$ et $(\Delta_2) // (\Delta_1)$ et on sait que si deux droites sont **parallèles**, alors **toute droite perpendiculaire à l'une est perpendiculaire à l'autre**. Donc les droites (Δ_2) **et** (Δ_4) **sont perpendiculaires**.

3

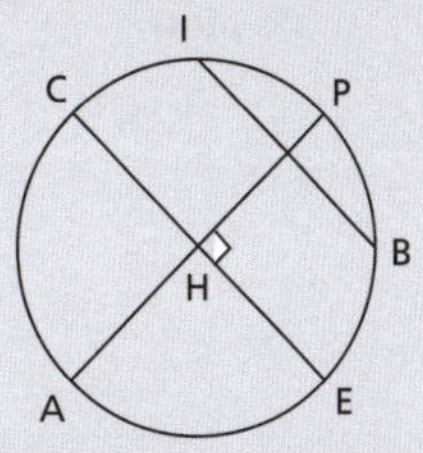

On sait que les droites (BI) et (CE) sont parallèles et que les droites (PA) et (CE) sont perpendiculaires.
Si deux droites sont parallèles, alors toute droite perpendiculaire à l'une est perpendiculaire à l'autre. Donc on en déduit que (BI) et (PA) sont des droites perpendiculaires.

4 **a.**

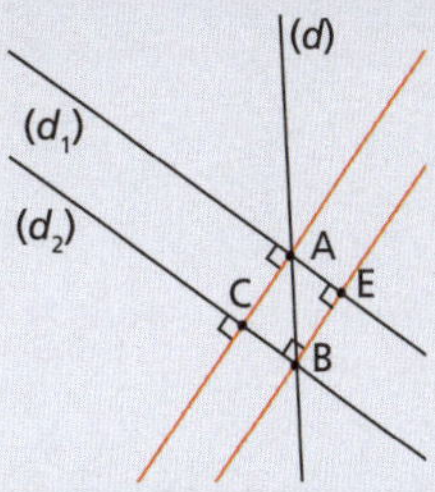

b. (AC) et (BE) semblent parallèles :
(d_1) et (d_2) sont parallèles. La droite (AC) est perpendiculaire à (d_1). Or si deux droites sont parallèles, alors toute

© Cahier du jour/Cahier du soir – Mathématiques 6

droite perpendiculaire à l'une est perpendiculaire à l'autre.
Donc **(AC) est perpendiculaire à (d_2)**.
(BE) est perpendiculaire à (d_2). Or si deux droites sont perpendiculaires à la même droite, alors ces deux droites sont parallèles.
Donc **(AC) et (BE) sont parallèles**.

34 Le cercle — p. 37

1

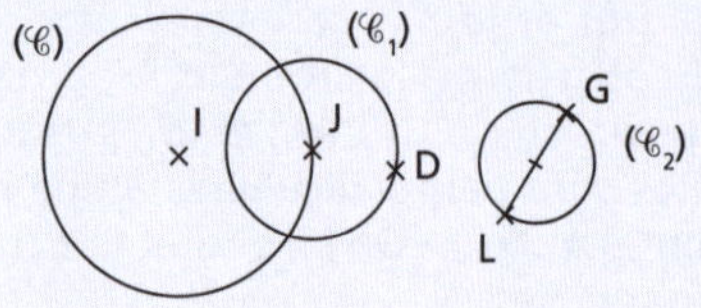

2 **a.**, **b.**, **c.**, **d.** et **e.**

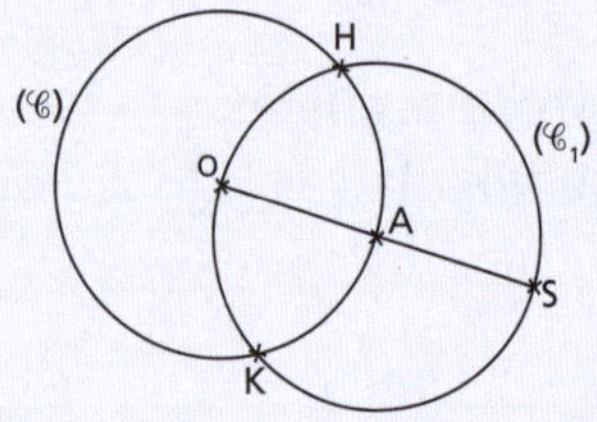

3 On a construit un cercle de centre R de diamètre [AL] de mesure 3,3 cm.
On a placé un point K sur le segment [AL] tel que LK = 0,8 cm.
On a tracé la droite perpendiculaire au segment [AL] passant par K .
Elle coupe le cercle en deux points E et U.

4

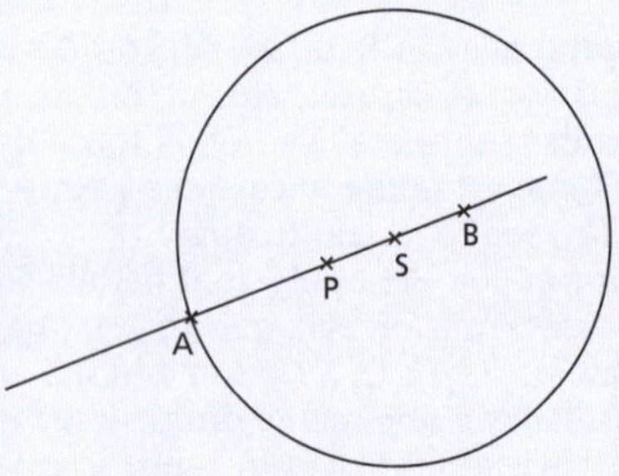

35 Les angles : vocabulaire — p. 38

1 **a.** angle plat **b.** angle aigu **c.** angle droit **d.** angle obtus.

2 **a.** $\widehat{PTF}$: angle **droit** **b.** $\widehat{EPC}$: angle **aigu** **c.** $\widehat{EPH}$: angle **obtus** **d.** $\widehat{HPC}$: angle **plat** **e.** $\widehat{HPT}$: angle **aigu**.

3 Angles aigus : $\widehat{lOz}$, $\widehat{lOt}$, $\widehat{zOt}$, $\widehat{kOy}$, $\widehat{tOy}$ et $\widehat{xOl}$.
Angles obtus : $\widehat{xOt}$, $\widehat{xOk}$, $\widehat{yOl}$, $\widehat{kOz}$ et $\widehat{kOl}$.
Angles droits : $\widehat{xOz}$, $\widehat{zOy}$ et $\widehat{tOk}$.
Angles plats : $\widehat{xOy}$ ① et $\widehat{yOx}$ ②.

36 Les triangles — p. 39

1 **a.** Le triangle ABC est **isocèle** en A.
b. Le triangle EFG est **rectangle** en E.
c. Le triangle IJK est **équilatéral**.
d. Le triangle SRT est **rectangle isocèle** en R.

2 **a.** Le triangle SLK est **équilatéral**.
b. Le triangle KLI est **rectangle** en L.
c. Le triangle KIE est **isocèle** en I.

3 **a.**

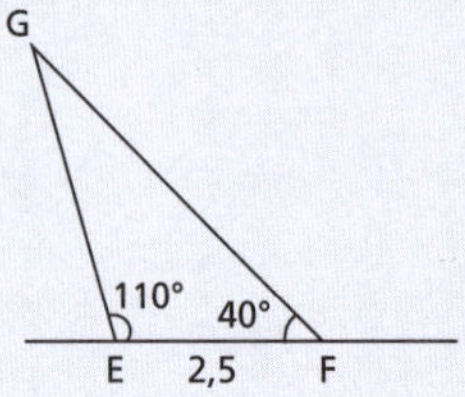

b.

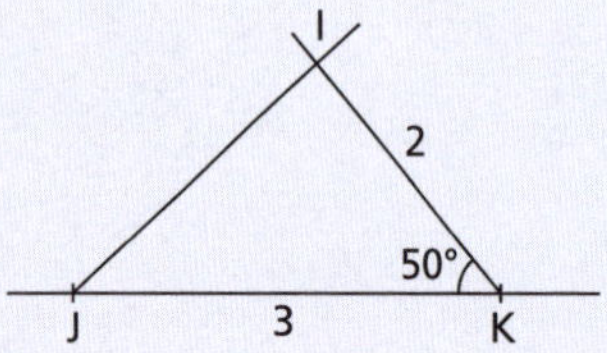

4 Commence par construire le segment [BC] de 2 cm de longueur, puis prends un compas pour construire le triangle ABC isocèle en A.

37 Les quadrilatères — p. 40

1 Le côté opposé à [PU] est [EJ].

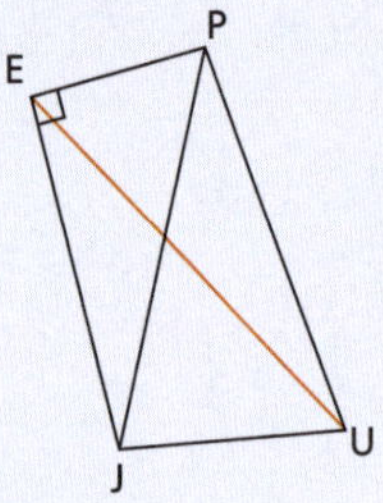

2

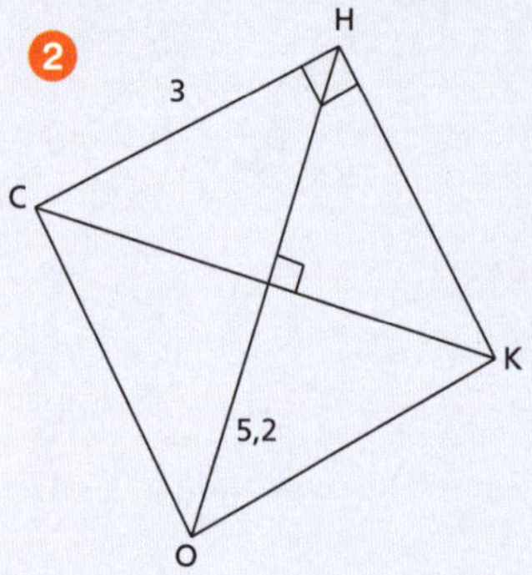

3 Périmètre =
3 × 4 = **12 cm.**

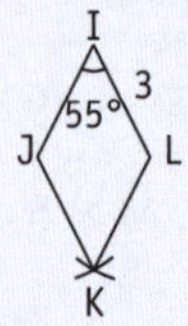

4 Aire =
5,5 × 2,3 = **12,65 cm²**.

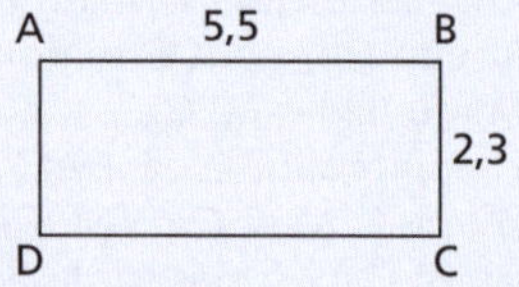

5 Commence par construire le carré de 4 cm de côté, puis le triangle équilatéral, et enfin le triangle isocèle.

38 Les solides — p. 41

1 **a.** Le solide n° 1 est **une pyramide**. Sa base est **un quadrilatère** et ses faces latérales sont **des triangles**.
b. Le solide n° 2 est **un prisme**. Sa base est **un triangle** et ses faces latérales sont **des rectangles**.
c. Le solide n° 3 est **un pavé droit**. Ses faces sont **des rectangles**.

2 **a.** Je suis un cube. **b.** Je suis un cône.
c. Je suis une pyramide.

3 **a.** Ce prisme a 6 faces : 2 faces sont des losanges de 4 cm de côté, et 4 sont des rectangles de 4 cm sur 6 cm.
b. (4 × 4 × 2) + (4 × 6) = 32 + 24 = 56
La longueur totale de toutes les arêtes de ce prisme mesure 56 cm.

39 Symétrie axiale : axe de symétrie — p. 42

1 **a.** Par le pliage suivant la droite (D_1), la partie 6 superpose la partie **11** et la partie **1** superpose la partie 4.
b. Par le pliage selon la droite (D_2), la partie 6 superpose la partie **2** et la partie **8** superpose la partie 4.

2 **a.** Si l'on plie selon la droite (**D_3**), les figures 1 et 3 se superposent. **b.** Dans ce pliage, les parties **2** et 12 se superposent.

3

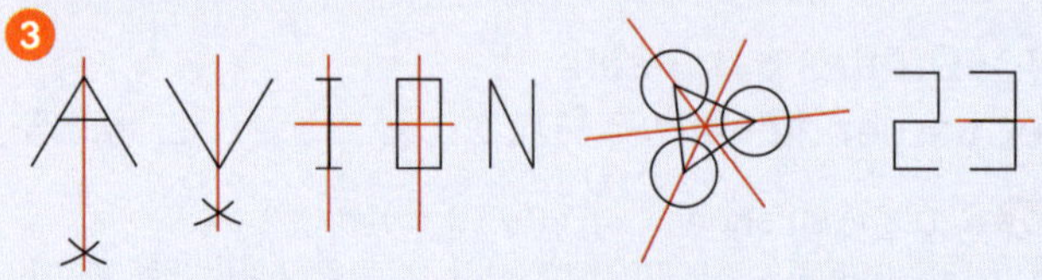

4

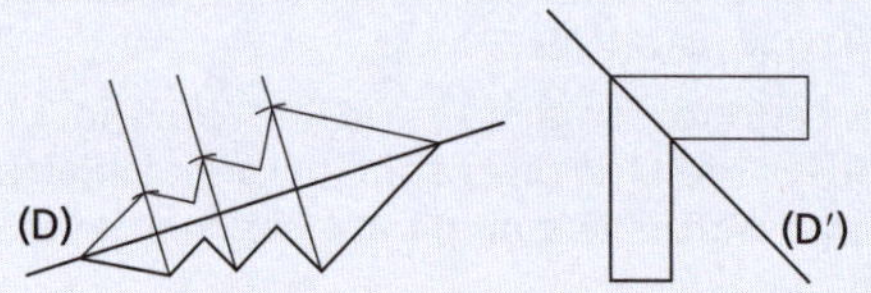

40 Symétrie axiale : médiatrice d'un segment ______ p. 43

1 **a.** (D) ne coupe pas le segment [AB] en son milieu. C'est **non**.
b. (D) n'est pas perpendiculaire au segment [AB]. C'est **non**.
c. (D) est perpendiculaire au segment [AB] et le coupe en son milieu. C'est **oui**.

2 **a.** et **b.** Je constate que les médiatrices des segments [AB] et [EF] sont confondues.

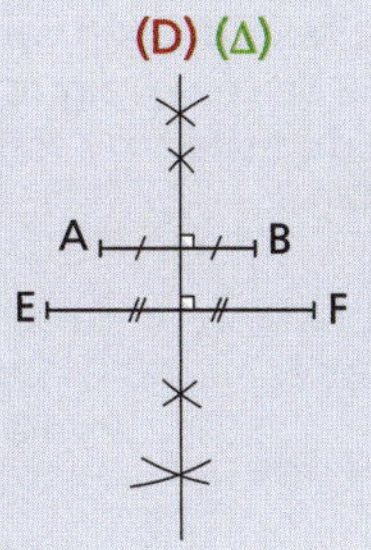

3 **a.**, **b.** et **c.**

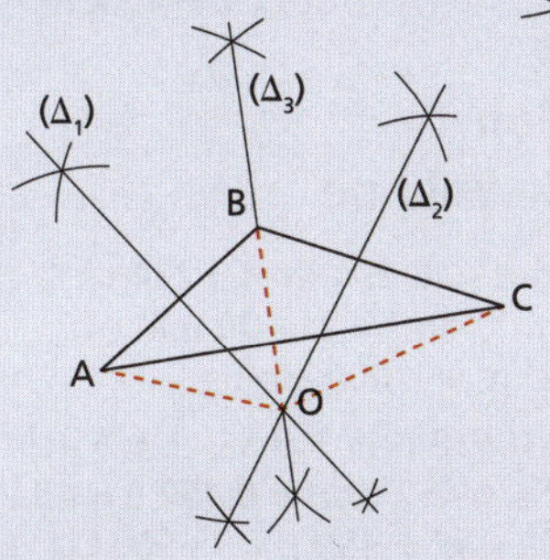

41 Symétrie axiale : symétrique d'un point ______ p. 44

1

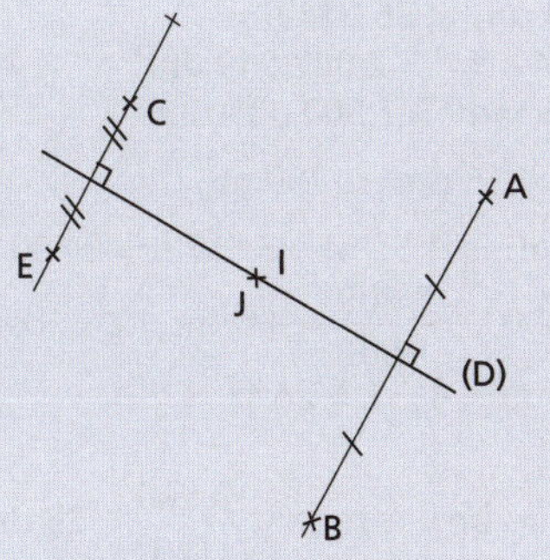

On remarque que (D) est la médiatrice des segments [EC] et [AB].

2 **a.** et **b.**

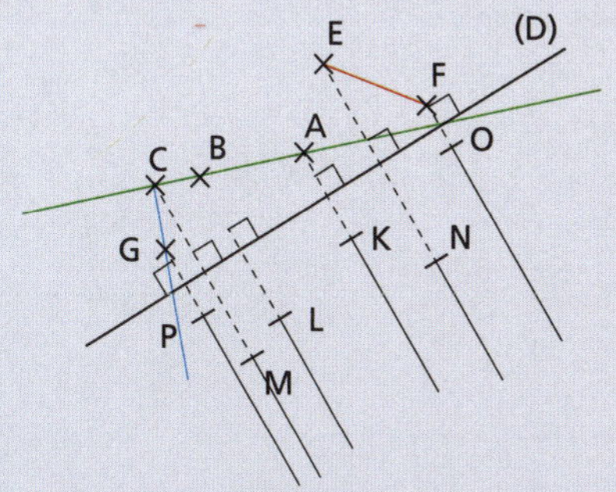

c. Le symétrique de la droite (AB) passe par les points K, L et M. Le symétrique du segment [EF] est le segment [ON]. Le symétrique de la demi-droite [CG) est la demi-droite [MP).

42 Symétrie axiale : symétrique d'une figure ______ p. 45

1

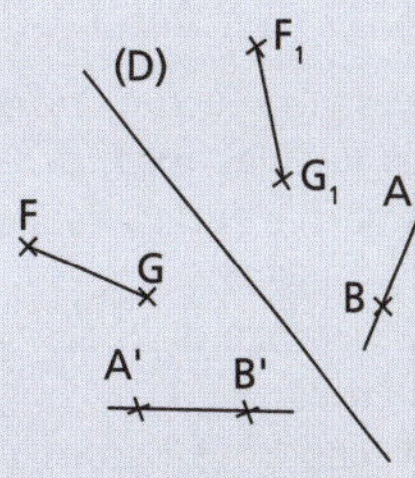

2

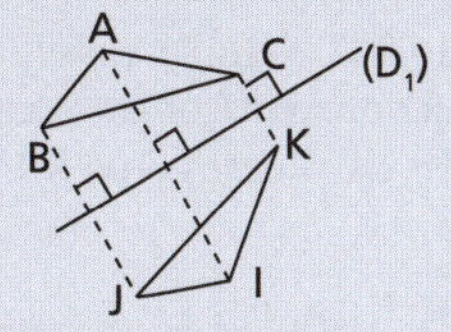

3

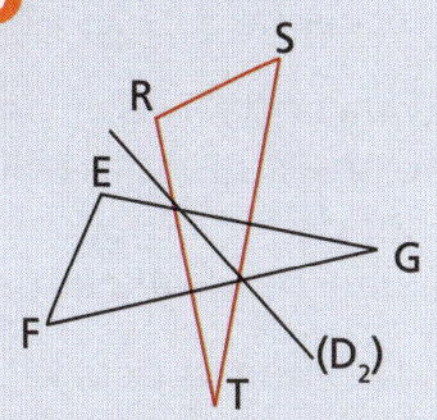

4 La droite (D) est la médiatrice du segment [AB].

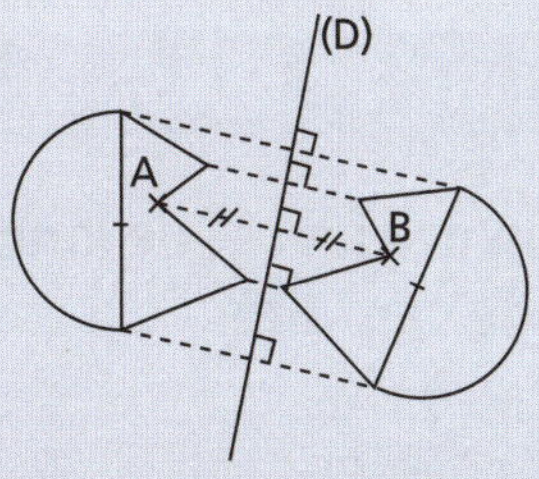

43 Les parallélépipèdes : définition ______ p. 46

1 **a.** Les faces (ABCD) et (EFGH) sont **parallèles**.
b. Les faces (ADHE) et (HDCG) sont **perpendiculaires**.
c. La droite (AE) est **perpendiculaire** à la face (ABCD).

2 Dans la réalité, les six faces sont des **carrés** et les arêtes sont de même **longueur**. Sur le schéma, la face BFGC est un **parallélogramme** et la face HGCD est un **carré**. F est un **sommet** du cube. [BF] est une **arête** du cube. ABCD est une **face** du cube.

3 **1. a.** Vrai **b.** Vrai **c.** Faux **d.** Vrai.
2. a. Faux **b.** Faux **c.** Vrai **d.** Faux.

44 Les parallélépipèdes : patron, aire latérale ______ p. 47

1 n° 1 : non – n° 2 : oui – n° 3 : oui.

2 L'aire de la surface de verre nécessaire pour recouvrir les façades de cette tour est égale à :
$(100 \times 40 + 100 \times 25) \times 2 = (4\,000 + 2\,500) \times 2$
$= 6\,500 \times 2 = \mathbf{13\,000\ m^2}$.

3 **a.** La longueur de ruban nécessaire pour faire le paquet de la **position n° 1** est égale à :
$L_1 = 2 \times (EH + EF) + 4 \times AE + 25 = 2 \times (50 + 20) + 4 \times 35 + 25$
$L_1 = 2 \times 70 + 140 + 25 = 140 + 140 + 25 = \mathbf{305\ cm}$.
La longueur de ruban nécessaire pour faire le paquet de la **position n° 2** est égale à :
$L_2 = 2 \times (AE + EF) + 4 \times EH + 25 = 2 \times (35 + 20) + 4 \times 50 + 25$
$L_2 = 2 \times 55 + 200 + 25 = 110 + 200 + 25 = \mathbf{335\ cm}$.
b. L'aire totale du paquet est égale à :
$\text{Aire} = 2 \times (EH \times AE + EH \times EF + AE \times EF)$
$= 2 \times (50 \times 35 + 50 \times 20 + 35 \times 20)$
$\text{Aire} = 2 \times (1\,750 + 1\,000 + 700) = 2 \times 3\,450 = \mathbf{6\,900\ cm^2}$.
L'aire de la surface de papier qui sera utilisée est égale à :

$6\,900 + 6\,900 \times \frac{25}{100} = 6\,900 + 69 \times 25 = 6\,900 + 1\,725$
$= \mathbf{8\,625\ cm^2}$.

Corrigés détachables

© Cahier du jour/Cahier du soir – Mathématiques 6e

Corrigés détachables

45 Se repérer et se déplacer ____ p. 48

1 Le navire R est repéré par le couple (C ; 5), S par (A ; 2), T par (E ; 10), U par (H ; 6), et V par (F ; 3).

2 **a.** Avance de 5 cases vers le sud, puis de 2 cases vers l'ouest, puis de 2 cases vers le nord, puis de 3 cases vers l'ouest, puis de 5 cases vers le sud, puis 3 cases vers l'ouest et enfin de 2 cases vers le nord.
b. Pour aller de A en B, avance de 5 cases, puis monte de 6 cases et avance de 3 cases.
Pour aller de B en A, descends de 5 cases, recule de 2 cases, monte de 2 cases, recule de 3 cases, descends de 5 cases, puis recule de 3 cases et monte de 2 cases.

3 Avancer de 1 case. Tourner de 90° à gauche. Avancer de 2 cases. Tourner de 90° à gauche. Avancer de 3 cases. Tourner de 90° à gauche. Avancer de 4 cases. Tourner de 90° à gauche. Avancer de 5 cases.

4 **a.** Un chemin possible est [EH], [HD], [DC].
b. La longueur est 4 + 2 + 5 = **11 cm**.

GRANDEURS ET MESURES

46 Conversion des unités de longueur, de masse, et de capacité ____ p. 49

1 **a.** 25 dm = **2,5 m** = **250 cm**.
b. 7,5 dam = **75 m** = **7 500 cm**.
c. 150 mm = **0,15 m** = **15 cm**.

2 **a.** 124 hg = **12,4 kg** = **12 400 g**.
b. 36 cg = **0,000 36 kg** = **0,36 g**.
c. 7 354 dg = **0,735 4 kg** = **735,4 g**.

3 **a.** 36 daL = **360 L** = **36 000 cL**.
b. 543 dL = **54,3 L** = **5 430 cL**.
c. 27 mL = **0,027 L** = **2,7 cL**.

4 **a.** 450 kg = 4 500 **hg** = 0,45 **t**.
b. 279 mL = 2,79 **dL** = 0,027 9 **daL**.
c. 2 300 km = 2 300 000 **m**.

5 30 hm 5 cm = **300 005 cm** ou **300,005 dam**.

6

Éléphant	Chat	Mésange
5 t = **5 000 kg**	45 hg = **4,5 kg**	9,5 g = **0,0095 kg**
Baleine bleue	**Ours blanc**	**Colibri**
100 t = **100 000 kg**	4,5 q = **450 kg**	3 g = **0,003 kg**

Classement ordre croissant des masses :
3 g < 9,5 g < 45 hg < 4,5 q < 5 t < 100 t.

7 2 L = 200 cL. Il prépare 200 + 50 + 30 + 3 = 283 cL de boisson.
On pose la division de 283 par 25.
283 = (25 × 11) + 8.
Antoine pourra donc remplir **11 verres de 25 cL et il restera 8 cL de cocktail.**

47 Conversion des unités d'aire ____ p. 50

1 **a.** 453 m^2 = **45 300 dm^2** = **4,53 dam^2**.
b. 14 hm^2 = **140 000 m^2** = **14 000 000 dm^2**.
c. 25,8 cm^2 = **2 580 mm^2** = **0,002 58 m^2**.
d. 72 mm^2 = **0,72 cm^2** = **0,000 072 m^2**.
e. 460 000 dm^2 = **4 600 m^2** = **0,46 hm^2**.

2 **a.** 51 dm^2 = 5 100 **cm^2** **b.** 24,8 m^2 = 0,248 **dam^2** **c.** 4 635 dm^2 = 0,463 5 **dam^2** **d.** 571 km^2 = 5 710 000 **dam^2** **e.** 58 000 dam^2 = 5,8 **km^2** **f.** 0,49 cm^2 = 49 **mm^2**.

3 5 ha 50 a = 10 000 × 5 + 100 × 50 = 55 000 m^2. L'aire est 55 450 m^2.
55 450 m^2 = $\frac{55\ 450}{100}$ a = **554,5 a = 5,545 ha.**

4 35 m^2 = 350 000 cm^2. Le nombre de carreaux nécessaires est : $\frac{350\ 000}{20 \times 20}$ = 875. Pour recouvrir la terrasse, il faut 875 carreaux. Il devra acheter $\frac{875}{25}$ = **35 paquets**.

5 L'aire du terrain carré est égale à 26 × 26 = 676 m^2.
Le prix de ce terrain est : 676 × 190 = 128 440 €.
L'aire du terrain de forme rectangulaire est :
$\frac{128\ 440}{40}$ = 3 211 m^2.
Soit L la largeur du terrain rectangulaire : l'aire de ce terrain est égale à 3 211 m^2 signifie que 65 × L = 3 211 ;
c'est-à-dire que L = $\frac{3\ 211}{65}$ donc L = **49,4 m**.

48 Conversion des unités de volume ____ p. 51

1 **a.** 234 000 mm^3 = **0,234 dm^3** = **234 cm^3**.
b. 21,4 m^3 = **21 400 dm^3** = **21 400 000 cm^3**.
c. 0,002 m^3 = **2 dm^3** = **2 000 cm^3**.

2 **a.** 510 cm^3 = **0,510 dm^3** = **0,510 L** = **51 cL**.
b. 452 000 mm^3 = **0,452 dm^3** = **0,452 L** = **45,2 cL**.
c. 0,359 m^3 = **359 dm^3** = **359 L** = **35 900 cL**.

3 **a.** 216 m^3 = 216 000 **dm^3** **b.** 14 dm^3 = 0,014 **m^3**
c. 36,1 hL = 3 610 000 **mL** **d.** 43 mL = 0,043 **L**
e. 25,4 dL = 2 540 **mL**.

4 **a.** 36 m^3 24 dm^3 = **36 024 dm^3**
b. 2 m^3 7 dm^3 49 cm^3 = **2 007,049 dm^3**
c. 7 500 cm^3 85 mm^3 = **7,500 085 dm^3**.

5 **a.** 36 **m^3** **b.** 0,15 **dm^3** **c.** 750 **m^3**.

6 On veut remplir 1,5 × 4 = 6 L. 2 h = 3 600 × 2 s = 7 200 s et 1,8 m^3 = 1 800 L ; $\frac{7\ 200}{1\ 800}$ = 4 donc 1 L s'écoule en 4 s.
6 L s'écouleront en 4 × 6 = **24 s**.

7 3 m^3 = 3 000 dm^3.
Le volume d'une brouette est : $\frac{3\ 000}{120}$ = **25 dm^3**.

49 Les angles : mesurer et construire ____ p. 52

1 **a.** $\widehat{xOy}$ = 55° **b.** $\widehat{mAn}$ = 112° **c.** $\widehat{tBu}$ = 103°
d. $\widehat{vCw}$ = 86° **e.** $\widehat{zEp}$ = 180°.

2

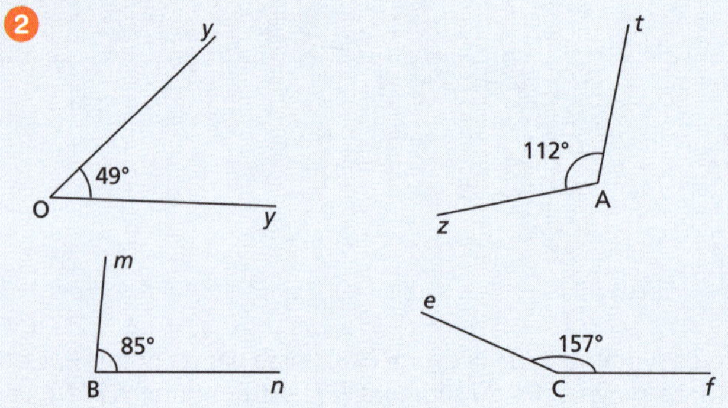

3 **a.**, **b.** et **c.**

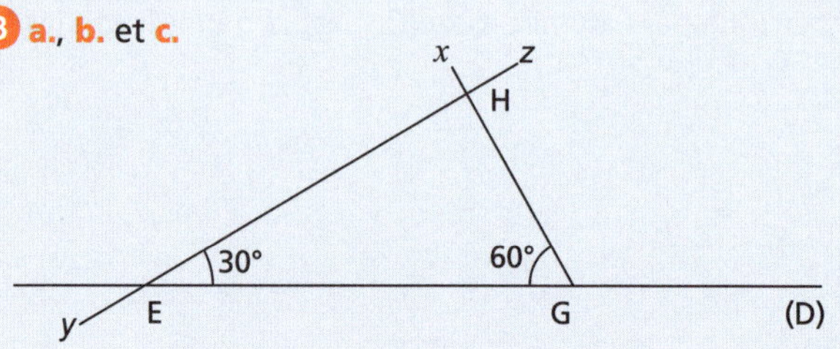

© Cahier du jour/Cahier du soir - Mathématiques 5e

50 Proportionnalité : échelle p. 53

1 a.

Longueur sur la maquette	1	y
Longueur réelle	200	6 210

$200 \times y = 6\,210 \times 1$

$y = \dfrac{6\,210 \times 1}{200}$

$y =$ **31,05 cm**

La longueur du Concorde sur la maquette était égale à **31,05 cm**.

b.

Longueur sur la maquette	1	12,8
Longueur réelle	200	x

$1 \times x = 200 \times 12,8$

$x = 2\,560$ cm ou **25,60 m**

La longueur réelle de l'envergure du Concorde était égale à **25,60 m**.

2 63,50 m = 6 350 cm et 58,75 m = 5 875 cm

a. L'échelle de cette maquette est :

$E = \dfrac{\text{Longueur sur le plan}}{\text{Longueur réelle}} = \dfrac{50,8}{6\,350} = \dfrac{1}{125}$.

b. L'envergure de l'Airbus A340 sur la maquette est :

$\dfrac{5\,875}{125} = 47$ cm.

3 a. Soit x la largeur du champ rectangulaire. L'aire du champ est égale au produit de la longueur par la largeur. Autrement dit : aire = longueur × largeur.

Cela signifie que $25 \times x = 500$.

Donc $x = \dfrac{500}{25}$, donc $x = 20$ m.

b. L'aire du champ carrée est : $\dfrac{4}{5} \times 500 = 400$ m^2.

Le côté du carré mesure 20 m.

c. On a le tableau de proportionnalité suivant :

Dimension carte	1	a	b
Dimension réelle	250	20	25

$a = \dfrac{20}{250} = 0,08$ m et $b = \dfrac{25}{250} = 0,1$ m.

Le champ rectangulaire est représenté par un rectangle de dimensions 10 cm et 8 cm. Le champ carré est représenté par un carré de côté 8 cm.

51 Proportionnalité : vitesse p. 54

1 1 h = 60 min.

La distance parcourue en 1 h est 60 fois plus grande que la distance parcourue en 1 min.

1 500 × 60 = 90 000. En 1 h, Lisa aurait parcouru 90 000 m ou 90 km. Sa vitesse est de 90 km/h. 90 > 80, donc Lisa serait en infraction.

2 a. L'heure d'arrivée à Châteauroux prévue par Baptiste est : $9 + \dfrac{260}{65} = 9 + 4 = 13$ h.

b. Sa vitesse horaire est égale à : $\dfrac{143}{2} = 71,5$ km/h.

c. $9 + 2 + \dfrac{260 - 143}{90} = 9 + 2 + 1,3 = 12,3 = (12 + 0,3)$ h.

Or 1 h = 60 min et 0,1 h = 6 min, donc 0,3 h = 6 x 3 = 18 min.

Baptiste arrivera à 12 h 18 min.

3 1 h 20 min, c'est 4 fois 20 min. Donc en roulant à la même vitesse, le motard parcourt $\dfrac{96}{4} = 24$ km en 20 min.

1 h, c'est 3 fois 20 min. En roulant à la même vitesse, le motard parcourt 3 × 24 = 72 km. Il roule donc à la vitesse de 72 km/h.

4 a. 20 min, c'est le tiers d'une heure.

Donc en 20 min à la vitesse de 33 km/h, Enzo parcourt $\dfrac{33}{3} = 11$ km.

2 h, c'est le double d'une heure. Donc en 2 h à la vitesse de 12 km/h, Enzo parcourt 2 × 12 = 24 km.

11 + 24 = 35. Enzo a parcouru 35 km.

b. En tout, Enzo a roulé pendant 2 h 20 min ou 140 min et a parcouru 35 km.

À la même vitesse, il aurait parcouru en 1 min :

$\dfrac{35}{140} = 0,25$ km.

Sa vitesse est donc de 0,25 km/min.

À la même vitesse, en 1 h, il aurait parcouru 60 × 0,25 = 15 km.

Sa vitesse est donc de 15 km/h.

52 Durée : unités usuelles p. 55

1 a. 4 h 44 min b. 4 min 27 s c. 17 min 83 s = 18 min 23 s.

2 a. 148 s = 120 + **28** s = **2** min **28** s.

b. 265 min = **240 min + 25 min = (60 × 4) min + 25 min** = 4 h 25 min.

c. 4 231 s = 3 600 s + 600 s + 31 s = (3 600 × 1) s + (60 × **10**) s + 31 s = **1** h **10** min **31** s.

3 Adèle a dormi : 14 h 38 min – 13 h 53 min = 13 h 98 min – 13 h 53 = **45 min**.

4 La fin du cours de la matinée pour Paul sera à :

8 h 30 min + 55 min + 50 min + 20 min + 1 h 30 min = 10 h + 125 min.

10 h + 2 h + 05 min = **12 h 05 min**.

5 La durée du trajet entre Lyon et Chambéry est : 9 h 18 min – 8h 24 min = **8 h 78 min** – 8 h 24 min = **54 min**.

6 Dans une journée, il y a **24** heures. Dans un mois, il y a **28** ou **29** ou **30** ou **31** jours. Dans un siècle, il y a **100** années et **1 200** mois. Dans un millénaire, il y a **1 000** années et **10** siècles.

7 • Concurrent A :

50 min 26 s + 1 h 03 min + 38 min 50 s = 1 h + **91** min + **76 s** = 1 h + 1 h 31 min + 1 min 16 s = **2 h 32 min 16 s**.

• Concurrent B :

48 min 36 s + 1 h 04 min 29 s + 36 min 43 s = **2 h 29 min 48 s**.

53 Le périmètre d'une figure p. 56

1 Périmètre = EF + EG + FG = 5 + 5 + 7 = 17.

Le périmètre du triangle EFG est de **17 cm**.

2 Le triangle ABC est isocèle en A, donc AB = AC.

Le périmètre du triangle ABC s'exprime : AB + AC + BC ou encore 2 × AB + BC.

Ce périmètre est égal à 15,5 cm.

On a donc : 2 × AB + 5,5 = 15,5.

AB = (15,5 – 5,5) ÷ 2 = 5. Le côté [AB] mesure **5 cm**.

3 Le carré de côté 68 cm a un périmètre égal à :

68 × 4 = 272. Le quart du périmètre du carré est $\dfrac{272}{4} = 68$.

Donc le périmètre du rectangle est égal à 68 cm.

Si L est la longueur du rectangle, dire que le périmètre du rectangle est 68 cm se traduit par 2 × L + 2 × 12 = 68.

Donc L = (68 – 24) ÷ 2 = 22. La longueur du rectangle est de **22 cm**.

© Cahier du jour/Cahier du soir - Mathématiques 6e

4 **a.** Le triangle ABC est isocèle en A.

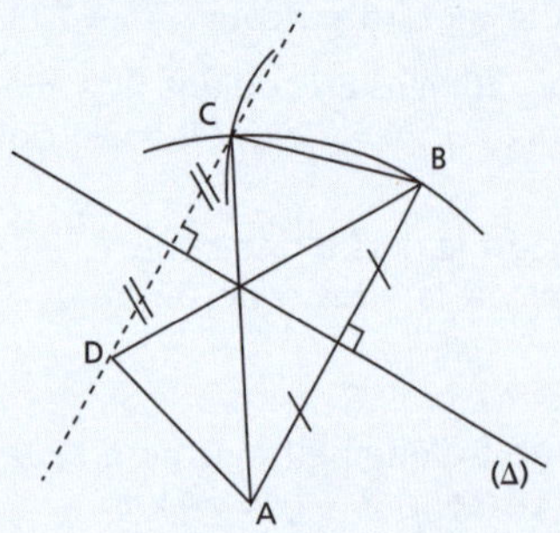

b. Par une symétrie par rapport à une droite, le symétrique d'un segment est un segment de même longueur. (Δ) est la médiatrice du segment [AB] donc A et B sont symétriques par rapport à (Δ), D est le symétrique du point C par rapport à la droite (Δ). Les symétriques respectifs des segments [AB], [AC] et [BC] sont les segments [BA], [BD] et [AD].
D'où AC = BD et BC = AD.
Périmètre du triangle ABD :
AB + BD + DA = AB + AC + BC = 4,5 + 4,5 + 2,5 = 11,5.
Le périmètre du triangle ABD est égal à **11,5 cm**.

54 Les triangles : hauteur et aire — p. 57

1

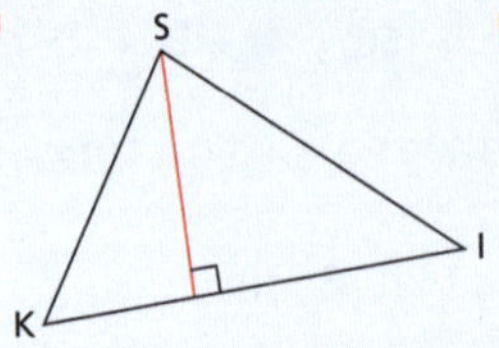

2

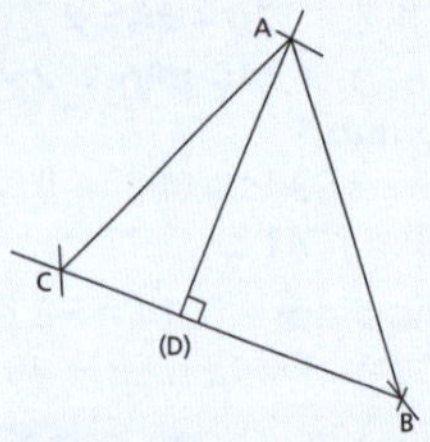

3 La hauteur issue de A du triangle APB est la hauteur issue de A du triangle ABC.
De même pour le triangle APC.

• $\text{Aire}_{APB} = \dfrac{BP \times h}{2} = \dfrac{20 \times 7}{2} = 450 \text{ cm}^2$.

• PC = BC – BP = 70 – 20 = 50 cm et donc $\text{aire}_{APB} = \dfrac{PC \times h}{2} = \dfrac{50 \times 45}{2} = 1\,125 \text{ cm}^2$.

4 Aire triangle = $\dfrac{base \times hauteur}{2}$, donc hauteur = (2 × aire triangle) ÷ base = (2 × 4 592) ÷ 112 = 82 m.

5 Aire figure = 8 × aire ABC = $8 \times \dfrac{AB \times BC}{2} = 8 \times \dfrac{2 \times 2}{2} = 16 \text{ cm}^2$. On pourrait donc recouvrir un carré de 4 cm de côté avec ces huit triangles.

55 L'aire d'une figure — p. 58

1 **a. Figure 1** : aire = **12 cm²** et périmètre = **16 cm**.
Figure 2 : aire = **12 cm²** et périmètre = **26 cm**.
b. On remarque que les deux figures ont la même aire, mais des périmètres différents.

2 **a.** Soit *l* la largeur du rectangle. Alors $l = \dfrac{24 - 2 \times 7}{2} = \dfrac{10}{2} = 5$ cm. La largeur du rectangle mesure **5 cm**.
b. 7 × 5 = 35 cm². L'aire du rectangle est égale à **35 cm²**.

3 Soit *c* le côté du carré. Alors $c = \dfrac{22}{4} = 5{,}5$ cm. Le côté du carré mesure 5,5 cm.
5,5 × 5,5 = 30,25 cm². L'aire du carré est **30,25 cm²**.

4 **a.** Aire du mur = 4,5 × 2,6 = **11,7 m²**.
b. Deux couches de peinture recouvriront 11,7 × 2 = 23,4 m².
$\dfrac{23{,}4}{9} = 2{,}6$. Il faudra donc acheter **3 pots de peinture**.

56 L'aire d'un disque — p. 59

1

Diamètre	60 m	**0,5 m**	**30 × 2 = 60 m**
Rayon	**30 m**	0,25 m	**30 m**
Aire exacte	**30 × 30 × π = 900 π m²**	**(0,25)² × π = 0,0625 π m²**	900 π m²
Aire arrondie au centième	**2 827,43 m²**	**0,20 m²**	**2 827,43 m²**

Diamètre	**260 m**	**50 cm**	55 km
Rayon	130 m	**25 cm**	**27,5 km**
Aire exacte	**130² × π = 16 900 π m²**	625 π cm²	**27,5² × π = 756,25 π km²**
Aire arrondie au centième	**53 092,92 m²**	**1 963,50 cm²**	**2 375,83 km²**

2 Aire = $5^2 - 2{,}5^2 \times \pi = 25 - 6{,}25\,\pi$.
L'aire de la partie blanche est égale à $25 - 6{,}25\,\pi \approx 5{,}37 \text{ cm}^2$.

3 L'aire de la partie verte est égale à la somme des aires des deux demi-disques de rayon 2 et 6.
Aire = $\pi \times \dfrac{2^2}{2} + \pi \times \dfrac{6^2}{2} = 2 \times \pi + 18 \times \pi = 20\,\pi \approx 62{,}83 \text{ cm}^2$.

4 Valeur exacte de l'aire en m² :
$4^2 - \pi \times 2^2 \times \pi = 16 - 4\,\pi$.
Valeur arrondie au centième de l'aire en m² : **3,43 m²**.

5 Aire figure orange = aire triangle + aire rectangle – aire demi-disque.
Aire = $\dfrac{3 \times 2}{2} + 7 \times 3 - \pi \times 1{,}5^2 = 3 + 21 - 2{,}25 \times \pi$
$= 24 - 2{,}25 \times \pi \approx 16{,}9 \text{ cm}^2$.

57 Les parallélépipèdes rectangles : volume — p. 60

1 Le solide est constitué de 5 colonnes de 4 cubes, 3 colonnes de 5 cubes et 3 colonnes de 3 cubes. Il est donc constitué de : 5 × 4 + 3 × 5 + 3 × 3 = 44 cubes.
Le volume du solide est **44** unités de volume.

2 **a.** Volume = 7 × 6 × 4 = **168 cm³**.
b. Volume = 3 × 8 × 2 = **48 dm³**.
c. Volume = 1 × 3 × 9 = **27 m³**.
d. Attention à convertir toutes les dimensions dans la même unité ! 5 m = 500 cm ; 4 dm = 40 cm.
Volume = 2 × 500 × 40 = **40 000 cm³**.

3 **a.** Volume = 4 × 6 × 5 = 120 cm³.
On pourra ranger **120** cubes d'arêtes de longueur 1 cm dans cette boîte.
b. 4 × 6 = 24. Dans chaque couche, on disposera **24** cubes d'arêtes de longueur de 1 cm.
c. Pour remplir la boîte, on empilera **5** couches.

4 Le volume d'eau contenu dans la piscine est égal à :
V = 12 × 4,5 × 1,5 = 81 m³ ; 81 m³ = 81 000 dm³ = **81 000 L**.

5 **a.** Volume = aire de base rectangulaire × hauteur, donc la hauteur de l'aquarium est égale au **quotient** du volume par l'aire de base.
80 cm = 8 dm ; 35 cm = 3,5 dm.
L'aire de base de l'aquarium est égale à : **8 × 3,5 = 28 dm²**.
140 L = 140 dm³. $\dfrac{140}{28} = 5$. La hauteur de l'aquarium est égale à **5 dm**.

b. $\dfrac{4}{5}$ de 5 dm, c'est : $\dfrac{4}{5} \times 5 = 4$ dm.
La hauteur de l'eau est 4 dm.
Volume = 8 × 3,5 × 4 = 112 dm³ = 112 L. L'aquarium contient **112 L**.

Corrigés détachables

28 Droite et demi-droite

→ Corrigés p. VI

J'observe et je retiens

■ Une droite est un **ensemble de points alignés**. Elle est **illimitée**. Par deux points distincts, il ne passe qu'une droite et une seule. Par un seul point, il passe une infinité de droites.

Exemple On représente la droite par un trait tracé avec une règle.
On utilise une croix pour représenter un point et une lettre pour le nommer.

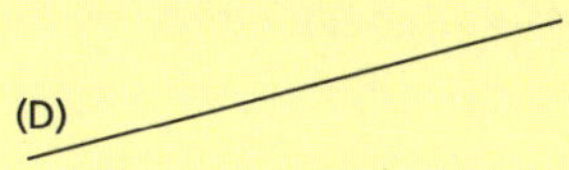

La droite se note **(D)**.

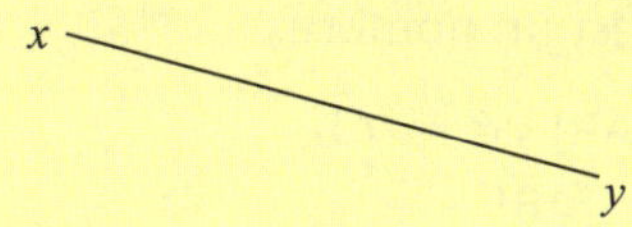

La droite s'écrit **(*xy*)**.

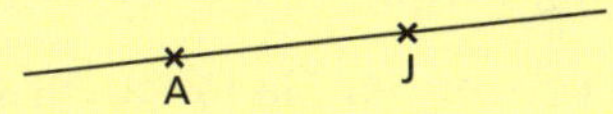

La droite se note **(AJ)** ou **(JA)**.

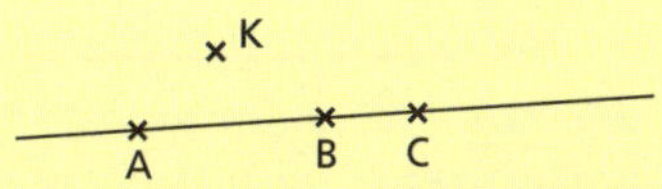

Remarque
- Des points alignés sont des points situés sur une même droite. Ci-contre, les **points A, B et C sont alignés**.
- Le point C appartient à la droite (AB). On le note mathématiquement : $C \in (AB)$.
- Le point K n'appartient pas à la droite (AC). On le note mathématiquement : $K \notin (AC)$.

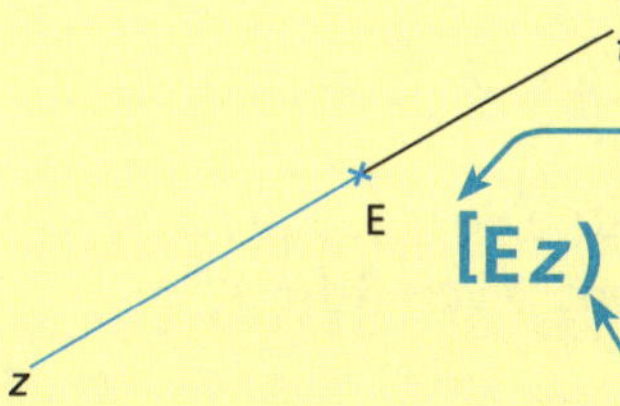

Le **crochet** est une convention pour indiquer que cet ensemble de points est limité par le point E.

La **parenthèse** est une convention pour indiquer que cet ensemble de points est illimité de ce côté.

■ Un point E d'une droite (*zt*) détermine deux demi-droites [E*z*) et [E*t*).

Je m'entraîne

1 ★ Complète avec le symbole ∈ ou ∉.

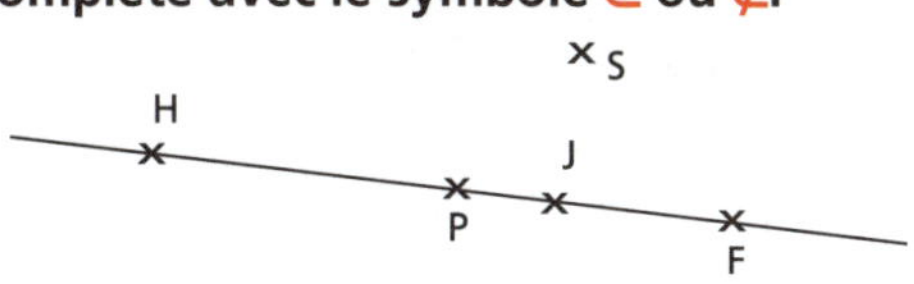

a. H .... (JF) d. H .... [JF)

b. H .... [FJ) e. S .... (JF)

c. P .... (HJ) f. J .... [HP)

2 ★ Construis sur la figure ci-dessous : en violet la droite (OZ), en vert la demi-droite [MZ), en orange la droite (PZ) et en noir la droite (OM).
Les droites (OM) et (PZ) se coupent en I. Place I.

La droite (OM) peut aussi s'écrire : ....

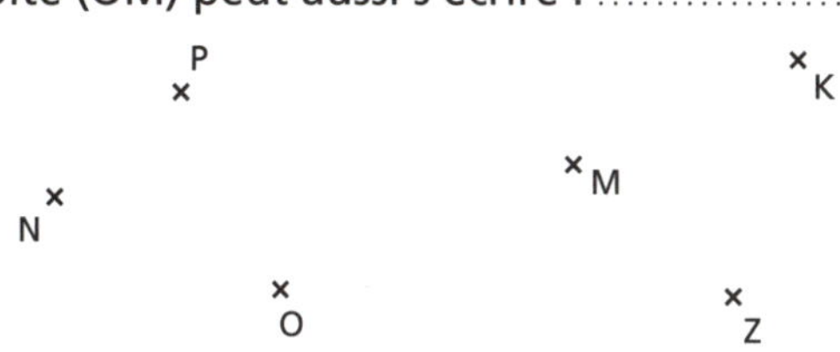

3 ★★ a. Construis le point E tel que les points A, D, E et les points B, C, E soient alignés.
b. Construis le point F tel que les points A, C, F et les points B, D, F soient alignés.

4 ★★ Trace une droite (*d*). Place deux points C et V sur la droite (*d*). Place un point R n'appartenant pas à la droite (*d*). Place un point K aligné avec les points C et V. Place un point B aligné avec R et V.

Auto évaluation Très bien ☐ Bien ☐ Pas assez bien ☐

29 Segment de droite

→ Corrigés p.VI

J'observe et je retiens

■ Le **segment** [AB] est l'ensemble des points de la droite (AB) situés entre A et B. On le note [AB] ou [BA].
A et B sont appelés les **extrémités du segment** [AB] et appartiennent à ce segment.
À un segment, on associe une longueur qui est un nombre.

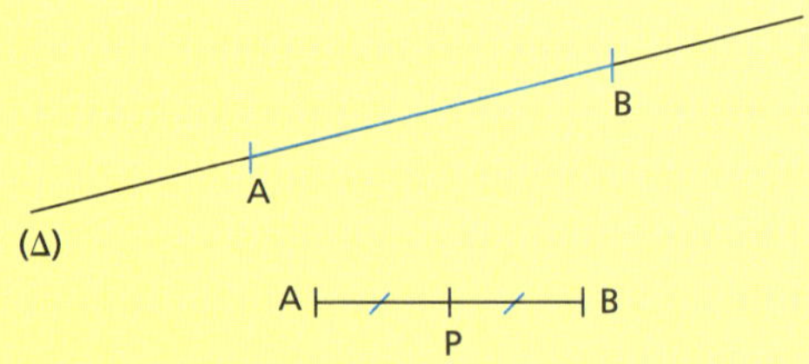

■ Par convention, la **longueur du segment** [AB] s'écrit AB.
Le point P est le **milieu du segment** de droite [AB], ce qui signifie que P **appartient** au segment [AB] (ou P ∈ [AB]) et que les segments [PA] et [PB] ont la même longueur (ou PA = PB).

Remarque
On ne peut pas écrire [PA] = [PB] car les segments ne sont pas identiques.

Méthode **Construire le milieu P du segment [AB]**

1. Avec la règle, on mesure la longueur du segment [AB].
2. On calcule la moitié de AB.
3. On marque le point P dans [AB] tel que $AP = \frac{AB}{2}$.

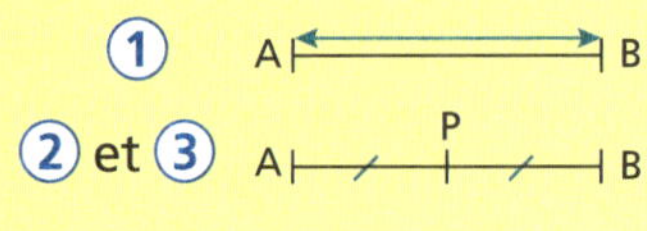

• **Inconvénient de cette méthode :** Cette méthode manque de précision dans la mesure de la longueur avec la règle. Pour une autre méthode de construction utilisant la médiatrice d'un segment → voir fiche 40.

Je m'entraîne

1 ★ **Trace, sur une feuille à part, trois segments [AB], [CD] et [EF] de 5 cm de longueur et construis leur milieu.**

2 ★ **Sur la figure ci-dessous, place un point M sur la droite (AB) tel que le segment [AM] ait une longueur de 3,5 cm.**

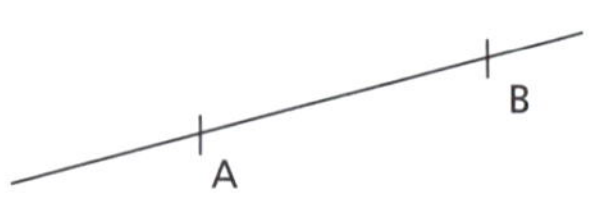

3 ★ **Complète avec le symbole ∈ ou ∉.**

a. K .... [EV] e. H.................... [VS]

b. V ....(SK) f. E.................... [HV]

c. K.................... [HS] g. K.................... [HS)

d. K .... (HS) h. K.................... [SH)

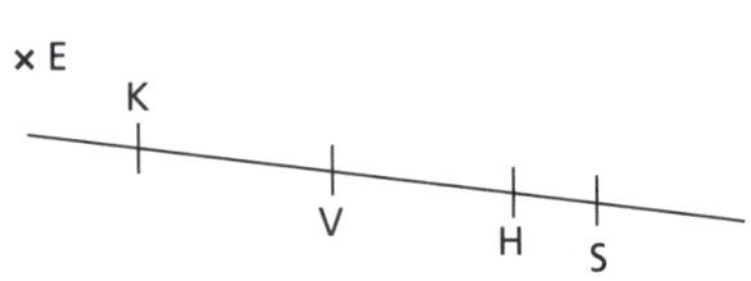

4 ★★ **Construis en violet les segments [AB] et [ED]. Construis en vert les droites (CD) et (AE). Construis en noir la demi-droite [CB).**

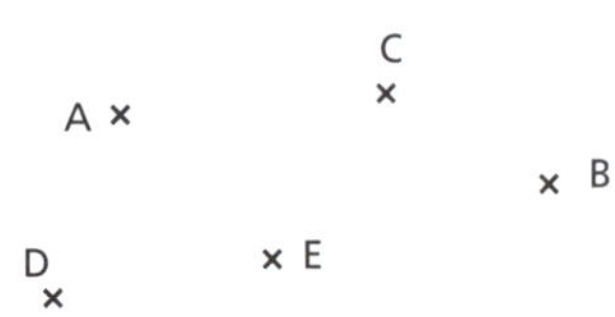

5 ★★ **Construis deux segments [LG] et [CX] de même longueur et qui ont le même milieu I.**

Auto évaluation Très bien ☐ Bien ☐ Pas assez bien ☐

30 Position de deux droites

→ Corrigés p.VII

J'observe et je retiens

Droites sécantes

Deux droites sécantes sont deux droites qui **se coupent en un point**.

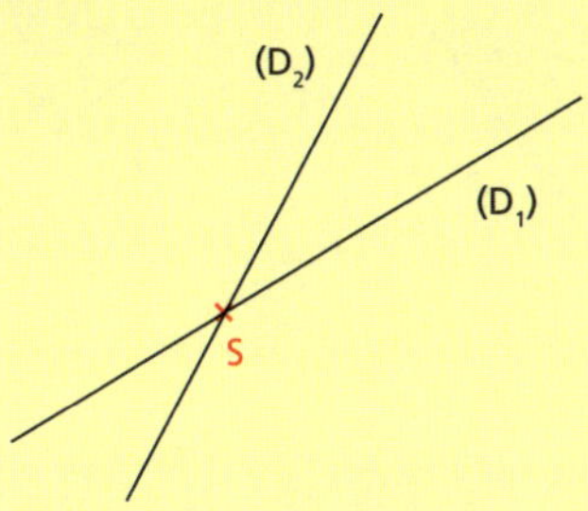

Les droites (D_1) et (D_2) sont **sécantes en S.**
S est le point d'intersection de (D_1) et de (D_2).

Droites parallèles

Deux droites parallèles sont deux droites qui **ne sont pas sécantes**.

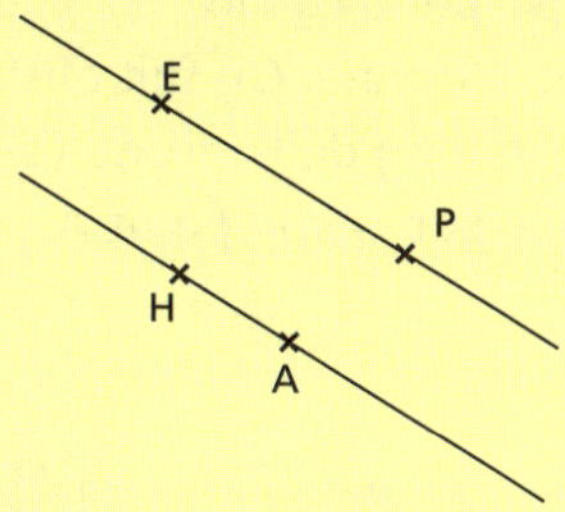

Les droites (EP) et (HA) sont **parallèles.**
On note : (EP) // (HA).

Droites perpendiculaires

Deux droites perpendiculaires sont deux droites qui **se coupent en formant un angle droit**.

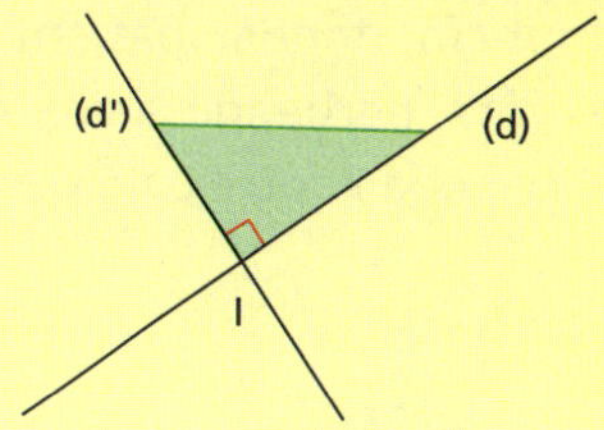

Les droites (d) et (d') sont **perpendiculaires** en I.
On note (d) ⊥ (d'). Sur le schéma, on note le symbole ⊾.

Remarque
Deux droites perpendiculaires sont deux droites sécantes.

Je m'entraîne

1 ★ Réponds aux questions.

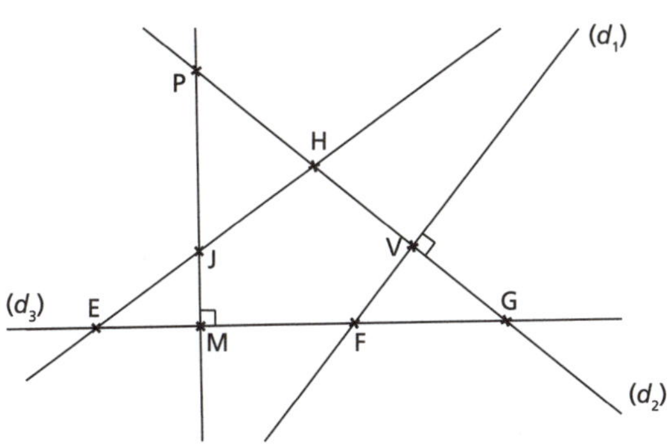

a. Cite deux droites perpendiculaires : ....

b. Comment peut-on nommer la droite (d_3) ? ....

c. Cite trois points alignés : ....

d. Le point H est-il sur la demi-droite [JE) ? ....

2 ★★ Complète avec sécantes, perpendiculaires ou parallèles.

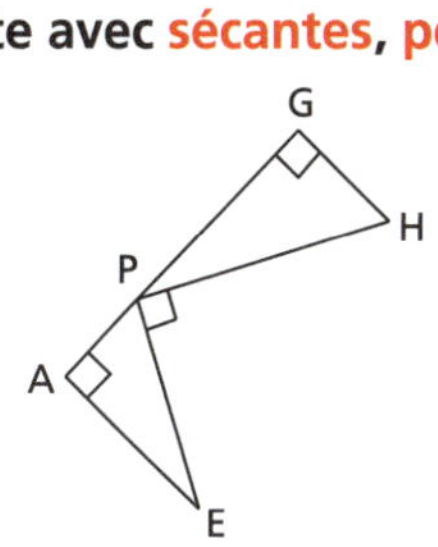

a. La droite (PE) et la droite (PH) sont :

....

b. La droite (PE) et la droite (AE) sont :

....

c. La droite (AE) et la droite (PG) sont :

....

d. La droite (AE) et la droite (HG) semblent :

....

e. La droite (PE) et la droite (GH) sont :

....

3 ★★★ Est-il possible de tracer deux segments [AB] et [EF] n'ayant aucun point commun dans chacun des cas suivants ? Quand c'est possible, fais une figure sur une feuille à part.

1er cas : les droites (AB) et (EF) sont sécantes.

2e cas : les droites (AB) et (EF) sont parallèles.

3e cas : les droites (AB) et (EF) sont confondues.

Auto évaluation Très bien ☐ Bien ☐ Pas assez bien ☐

31 Droites perpendiculaires : construction

→ Corrigés p. VII

J'observe et je retiens

■ Pour construire deux droites perpendiculaires, on trace une droite puis on place un des bords de l'angle droit de l'équerre le long de cette droite ①. L'autre côté perpendiculaire permet de tracer une droite perpendiculaire à la première ②.

Exemple On veut construire une droite perpendiculaire à la droite (*d*) donnée passant par un point A donné. On fait glisser un des côtés perpendiculaires de l'équerre le long de la droite (*d*) jusqu'à ce que l'autre côté perpendiculaire passe par le point A.

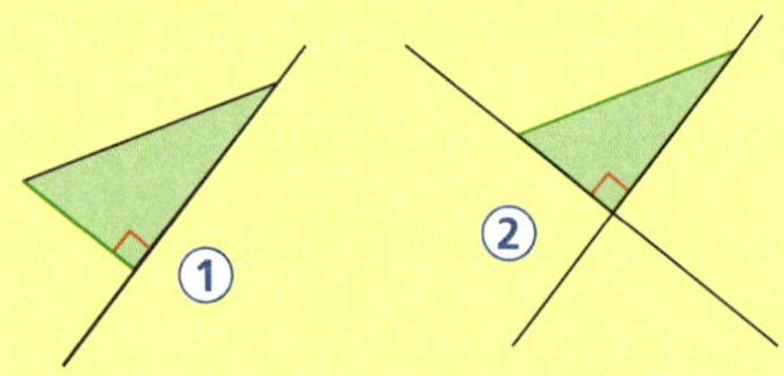

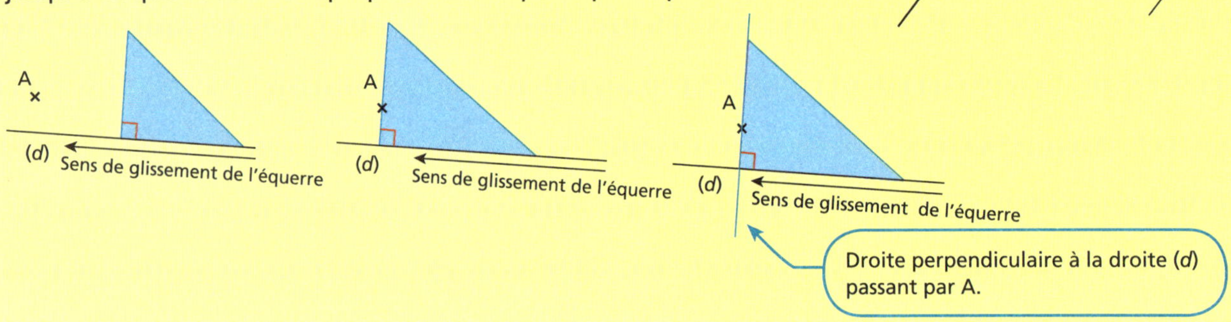

Je m'entraîne

1 ★ **Effectue les tracés indiqués ci-dessous.**

Trace la droite…	Perpendiculaire à la droite…	Passant par le point…
(D_1)	(D)	M
(D_2)	(Δ)	M
(D_3)	(D)	N
(D_4)	(Δ)	N

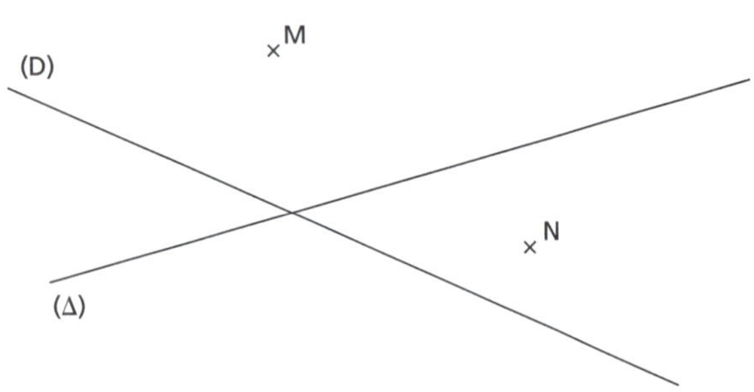

2 ★ **Sur une feuille à part, reproduis les figures ① et ② en utilisant l'équerre et la règle graduée.**

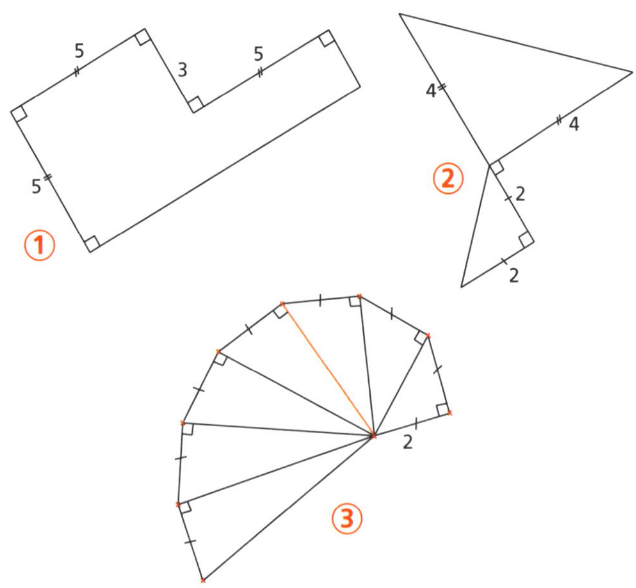

3 ★★ **Sur une feuille à part, construis la figure ③ de l'exercice n° 2 en grandeur réelle. Si la construction est précise, tu dois vérifier que le segment en couleur mesure 4 cm.**

Auto évaluation Très bien ☐ Bien ☐ Pas assez bien ☐

32 Droites parallèles et perpendiculaires (1)

→ Corrigés p. VII

J'observe et je retiens

■ Soient trois droites (D), (D′) et (Δ) : si (D) ⊥ (Δ) et si (D′) ⊥ (Δ), alors (D) // (D′).
Si deux droites sont **perpendiculaires** à une même droite, alors ces deux droites sont **parallèles**.

■ **Renseignement** — **Résultat du raisonnement mathématique**

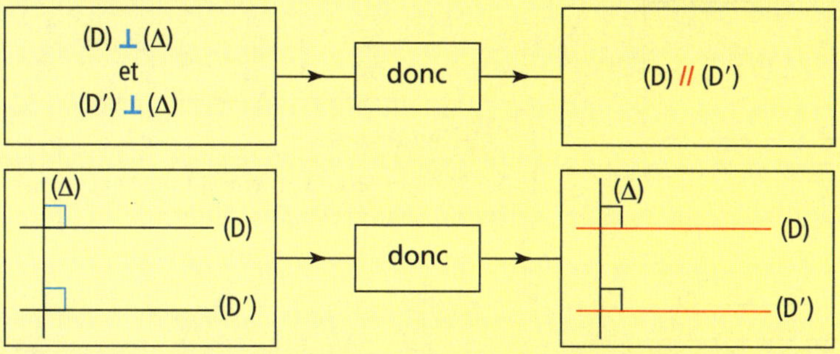

Remarque
Cette règle sert à démontrer (justifier) que deux droites sont parallèles.

Méthode **Construire deux droites parallèles (D) et (D_1) avec une règle et une équerre**

1. On trace la droite (D).
2. On place un côté de l'angle droit de l'équerre le long de la droite (D).
3. On déplace l'équerre le long de la règle sans bouger celle-ci.
4. On trace la droite (D_1) le long du côté droit de l'équerre qui n'est pas en contact avec la règle.

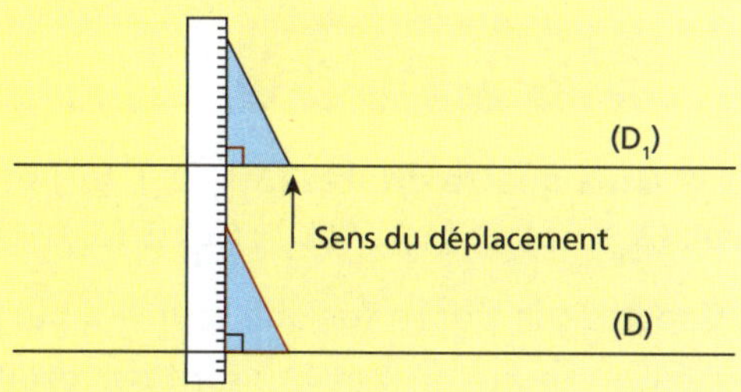

Je m'entraîne

1 ★ **On a sept droites telles que (*d*) // (d_2) ; (d_1) ⊥ (*d*) ; (d_1) // (d_3) ; (d_4) ⊥ (d_2) ; (d_5) ⊥ (*d*) et (d_6) ⊥ (d_4).**

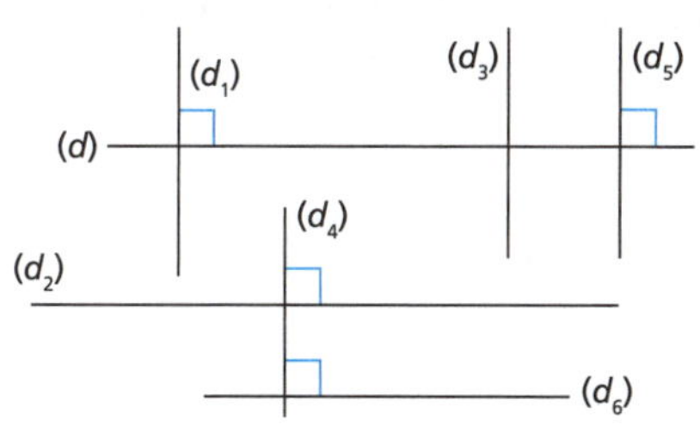

a. Quelle est la position des droites (d_1) et (d_5) ? Justifie ta réponse en complétant les phrases suivantes.

D'après l'énoncé, on a : (d_1) ⊥ (*d*) et (d_5) ⊥ (*d*). On sait que si deux droites sont perpendiculaires à une même droite alors elles .... Donc les droites (d_1) et (d_5) sont ....

b. Quelle est la position de (d_6) et (d_2) ? Justifie ta réponse en complétant les phrases suivantes.

D'après l'énoncé, on a : (d_4) ⊥ (.....) et (d_4) ⊥ (.....).

On sait que si deux droites sont perpendiculaires ....

Donc les droites (d_2) et (d_6) sont parallèles.

2 ★★ **a.** Trace en bleu la droite (d_1) passant par D perpendiculaire à (AB). Trace en rouge la droite (d_2) passant par D perpendiculaire à (BC). Trace en vert la droite (d_3) passant par A perpendiculaire à (d_2). Trace en violet la droite (d_4) passant par C perpendiculaire à (d_1). Les droites (d_3) et (d_4) se coupent en E.

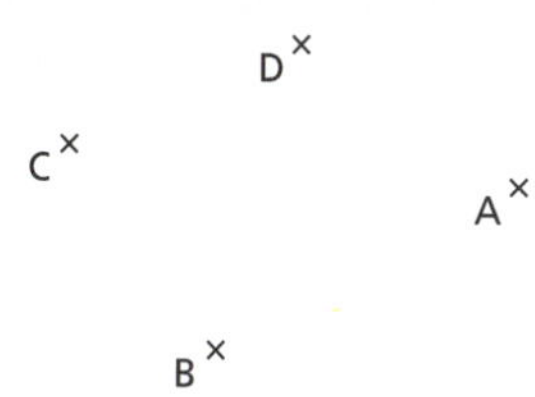

b. Que peux-tu dire des droites (AB) et (EC) ? Justifie ta réponse. ....

Auto évaluation Très bien ☐ Bien ☐ Pas assez bien ☐

33 Droites parallèles et perpendiculaires (2)

→ Corrigés p. VII

J'observe et je retiens

■ Soient trois droites (D), (D_1) et (D_2). Si (D) // (D_1) et si (D) ⊥ (D_2), alors **$(D_2) \perp (D_1)$**.
Si deux droites sont parallèles, alors toute droite perpendiculaire à l'une est perpendiculaire à l'autre.

Renseignement → donc → **Résultat du raisonnement mathématique**

(D_1) // (D) et (D_2) ⊥ (D) → donc → $(D_2) \perp (D_1)$

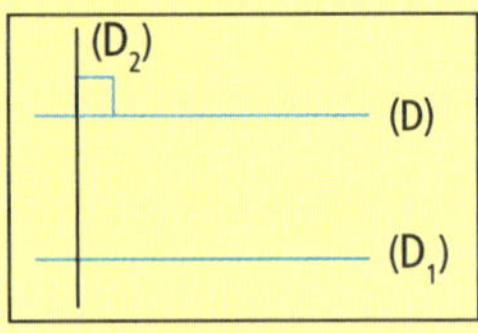

→ donc →

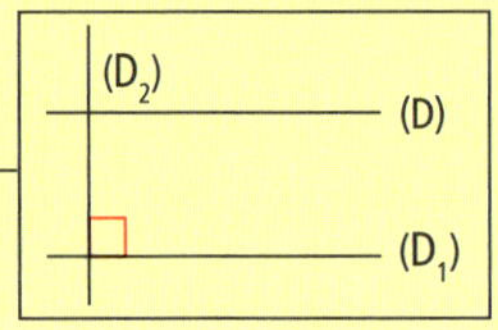

Remarque
Cette règle sert à démontrer que deux droites sont **perpendiculaires**.

Je m'entraîne

1 ★ **On a quatre droites (Δ_1), (Δ_2), (Δ_3) et (Δ_4) telles que : $(\Delta_1) \perp (\Delta_4)$; (Δ_2) // (Δ_1) ; $(\Delta_3) \perp (\Delta_2)$.**

a. Construis la figure sur une feuille à part.

b. Démontre que (Δ_1) et (Δ_3) sont des droites perpendiculaires en complétant les phrases suivantes.

D'après l'énoncé, on a (Δ_2) // (Δ_1) et ..... ⊥ (Δ_2).

On sait que si deux droites sont parallèles alors .... Donc les droites (Δ_1) et (Δ_3) sont ....

c. Que peux-tu dire de la position des droites (Δ_3) et (Δ_4) ? Justifie-le. On va démontrer que (Δ_3) et (Δ_4) sont parallèles.

D'après la question précédente, on sait que ....

D'après l'énoncé, on sait que $(\Delta_4) \perp (\Delta_1)$. On sait que si deux droites sont perpendiculaires ....

....

Donc les droites ....

2 ★★ **Reprends l'énoncé précédent et démontre que (Δ_2) et (Δ_4) sont des droites perpendiculaires.**

D'après l'énoncé, on sait que ...... ⊥ ...... et ...... // ......

et on sait que si deux droites sont ....

alors ....

....

Donc les droites .... et ....

3 ★★★ **Sur une feuille à part, trace un cercle de centre H, de rayon 3 cm. Trace deux diamètres [PA] et [CE] tels que (PA) et (CE) soient perpendiculaires. Trace une corde [BI] telle que (BI) et (CE) soient parallèles, puis démontre que les droites (BI) et (PA) sont perpendiculaires.**

4 ★★★ **Les droites (d_1) et (d_2) sont parallèles.**
La droite (d) coupe (d_1) en A et (d_2) en B.
La droite perpendiculaire à (d_1) en A coupe (d_2) en C.
La droite perpendiculaire à (CB) en B coupe (d_1) en E.

a. Reproduis et complète la figure sur une feuille à part.

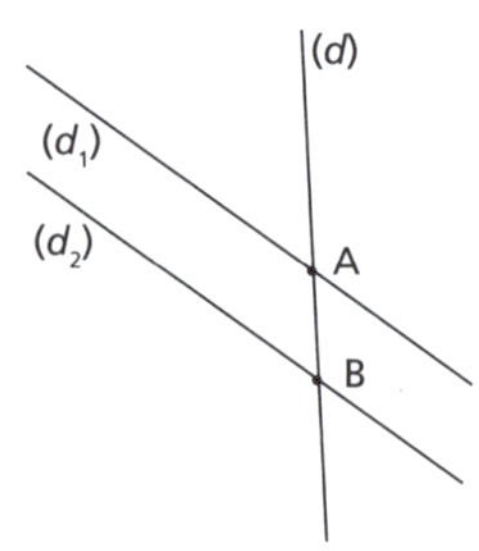

b. Que peut-on dire des droites (AC) et (BE) ?
Prouve-le. ....

....

....

....

....

....

Auto évaluation — Très bien ☐ Bien ☐ Pas assez bien ☐

34 Le cercle

→ Corrigés p.VIII

J'observe et je retiens

Exemple Dans le plan, le cercle (𝒞) de centre O et de rayon *r* est l'ensemble des points M dont la distance au point fixe O est égale à *r*. Les points du cercle sont tous à la même distance du centre O.
M appartient au cercle (𝒞) de centre O et de rayon *r*, cela signifie que OM = *r*.

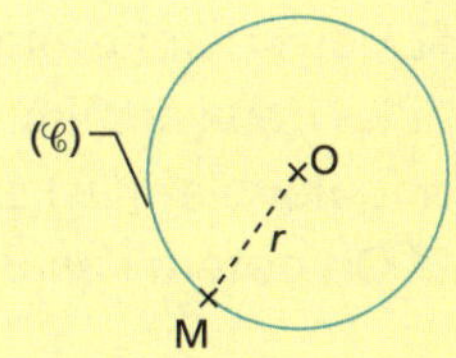

- Un **rayon** du cercle est un segment qui joint un point du cercle à son centre.
- Un **diamètre** du cercle est un segment qui joint deux points du cercle en passant par le centre du cercle.
- Une **corde** du cercle est un segment qui joint deux points du cercle.
- Un **arc de cercle** est une partie du cercle limitée par deux points.

Remarque
Quand on parle de rayon ou de diamètre, on peut parler de segment ou de longueur.

Exemple Les segments [OE] et [OG] sont des **rayons** du cercle.
[GH] est un **diamètre** du cercle.
Le segment [AB] est une **corde**.
$\overset{\frown}{CD}$ est un **arc** de cercle.

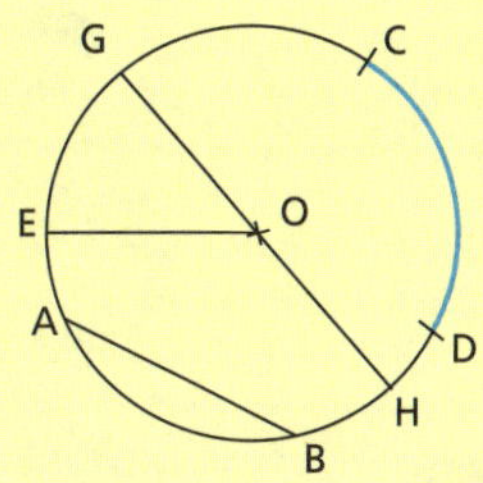

Je m'entraîne

**1 ★ Trace le cercle (𝒞) de centre I et de rayon 2 cm.
Trace le cercle ($𝒞_1$) de centre J passant par D.
Trace le cercle ($𝒞_2$) de diamètre [LG].**

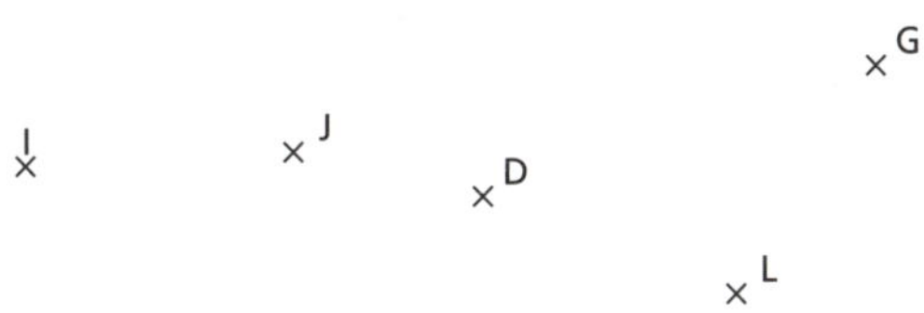

2 ★ Sur une feuille à part :

a. Trace le cercle (𝒞) de centre O et de rayon 1,5 cm.

b. Marque un point A sur le cercle (𝒞).

c. Trace le cercle ($𝒞_1$) de centre A et de rayon AO.

d. Les deux cercles se coupent en H et K. Place H et K.

e. Construis le point S tel que [OS] soit un diamètre du cercle ($𝒞_1$).

3 ★★ Reproduis la figure sur une feuille à part et rédige un programme de construction qui permette de la réaliser.

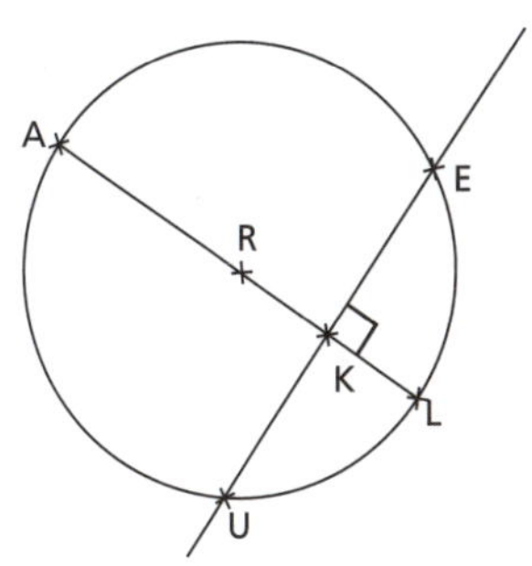

4 ★★ Construis la figure ci-dessous en grandeur réelle sachant que AB = 6 cm. P est le milieu de [AB] et S le milieu de [BP]. Construis ensuite le cercle de centre S et de rayon SA.

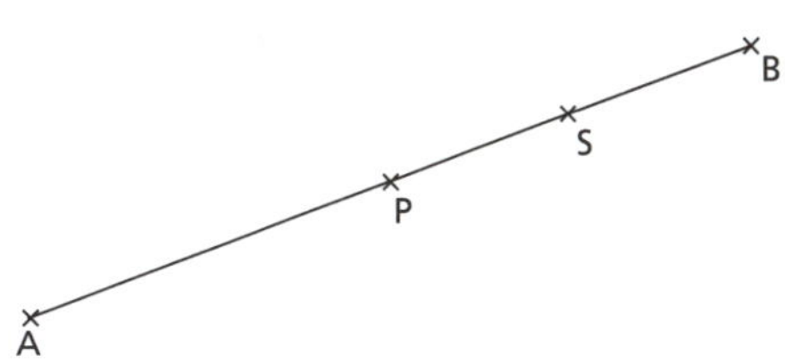

Auto évaluation Très bien ☐ Bien ☐ Pas assez bien ☐

35 Les angles : vocabulaire

→ Corrigés p.VIII

J'observe et je retiens

- Deux demi-droites de même origine déterminent un **secteur angulaire** (ou **angle**).
Si les deux demi-droites ont pour noms [O*x*) et [O*y*), alors O est le sommet du secteur angulaire et [O*x*) et [O*y*) sont les côtés du secteur angulaire.
- On notera l'angle : $\widehat{xOy}$.

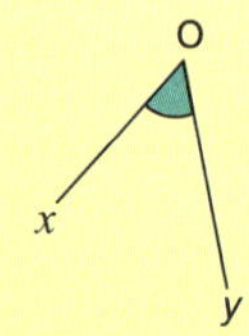

- **Cas particuliers**

$\widehat{xOy}$ est un **angle droit**.

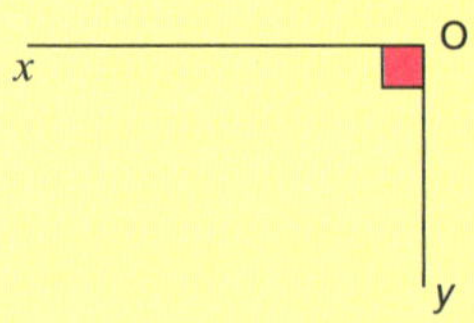

$\widehat{zAt}$ est un **angle plat**.

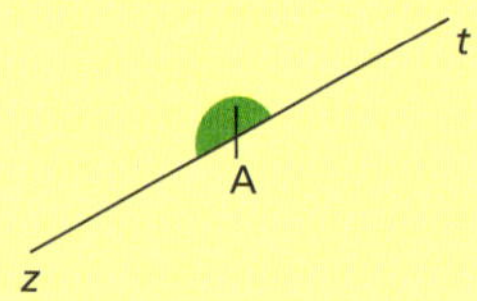

$\widehat{mBn}$ est un **angle aigu**. Il est contenu dans un angle droit.

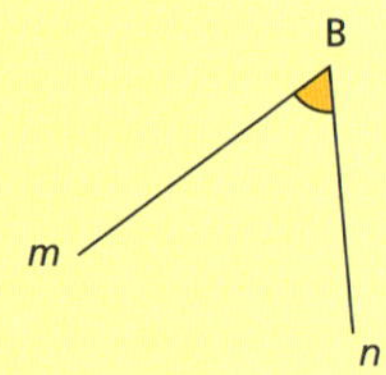

$\widehat{eCa}$ est un **angle obtus**. Il contient un angle droit.

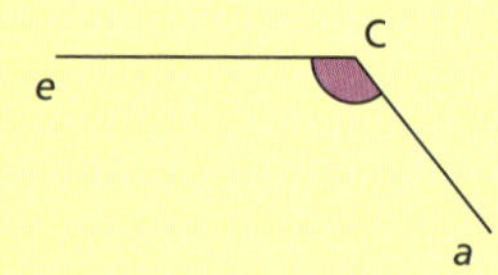

→ Voir aussi la fiche 49 p. 52.

Je m'entraîne

1 ★ Donne la nature de chaque angle.

a.

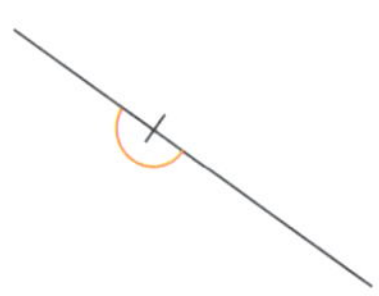

b.

....

c.

d.

....

2 ★ Précise la nature des angles suivants.

a. $\widehat{PTF}$: ....

b. $\widehat{EPC}$: ....

c. $\widehat{EPH}$: ....

d. $\widehat{HPC}$: ....

e. $\widehat{HPT}$: ....

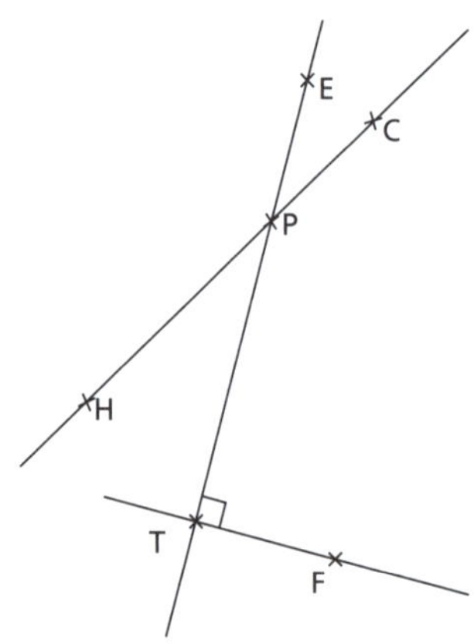

3 ★★ Observe bien la figure.
Cite tous les angles aigus, obtus, droits et plats.

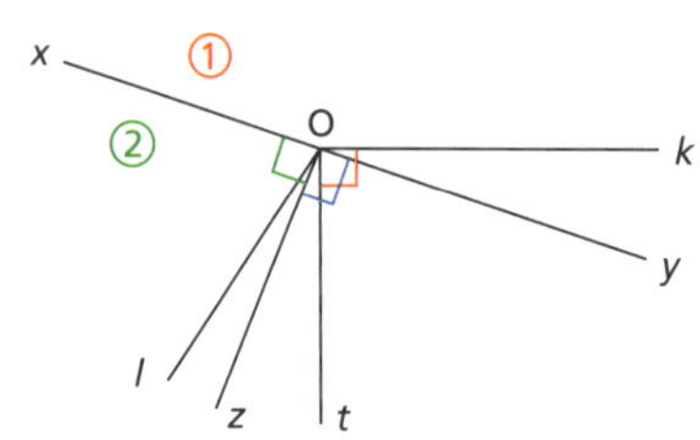

Auto évaluation Très bien ☐ Bien ☐ Pas assez bien ☐

36 Les triangles

→ Corrigés p. VIII

J'observe et je retiens

Triangle quelconque

Le triangle ABC a trois sommets A, B et C.
Il a trois côtés [AB], [AC] et [BC] et trois angles $\widehat{ABC}$, $\widehat{CAB}$ et $\widehat{BCA}$.
→ Trois points non alignés déterminent un triangle.

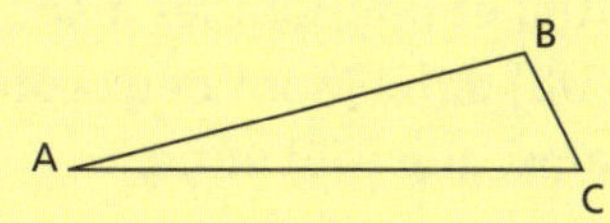

Triangles particuliers

• Si les côtés [AB] et [AC] du triangle ABC sont de même longueur, alors le triangle ABC est isocèle en A. Le sommet A est appelé le sommet principal et l'angle $\widehat{BAC}$ est appelé angle principal. Le côté [BC] est appelé la base du triangle et les angles $\widehat{ABC}$ et $\widehat{ACB}$ sont les angles à la base.
→ Un triangle **isocèle** est un triangle qui a **deux côtés de même longueur**.

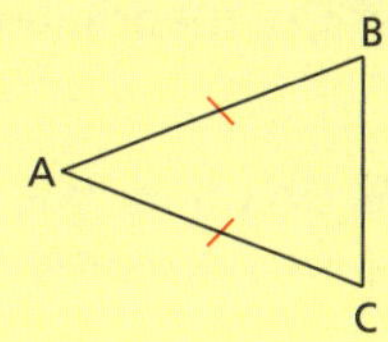

• Si ABC est un triangle équilatéral, alors AB = AC = BC.
→ Un triangle **équilatéral** est un triangle qui a **trois côtés de même longueur**.

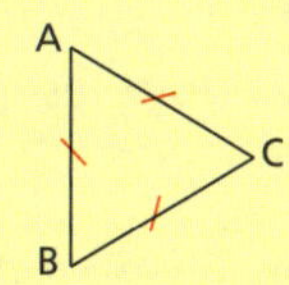

• Si les côtés [AB] et [AC] du triangle ABC sont perpendiculaires, alors le triangle ABC est rectangle en A. L'angle $\widehat{BAC}$ est un angle droit et le côté opposé à l'angle droit est appelé l'**hypoténuse**.
→ Un triangle **rectangle** est un triangle dont **deux côtés** sont **perpendiculaires**.

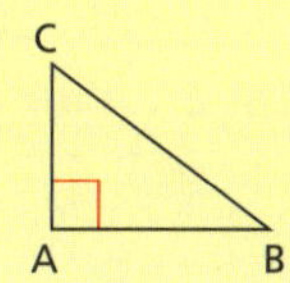

Je m'entraîne

1 ★ **Quels sont, d'après leur codage, les triangles rectangles, isocèles et équilatéraux ?**

a. Triangle ABC : ....

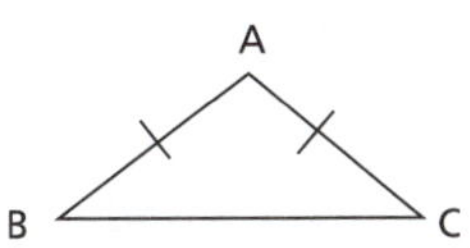

b. Triangle EFG : ....

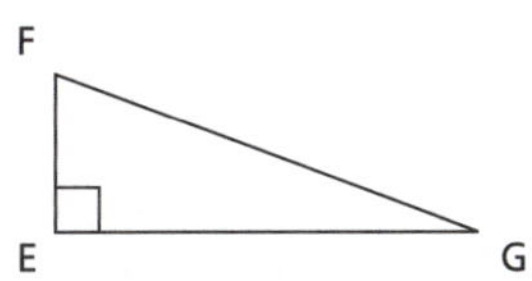

c. Triangle IJK : ....

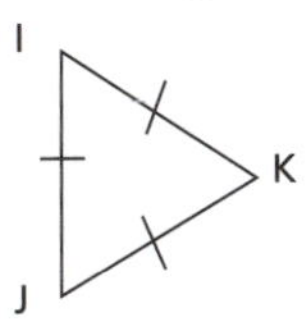

d. Triangle SRT : ....

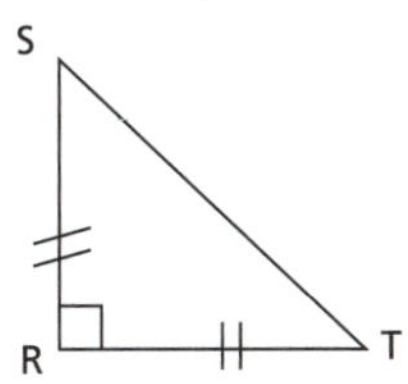

2 ★ **Quelle est la nature des triangles SLK, KLI et KIE ?**

a. Triangle SLK : ....

b. Triangle KLI : ....

c. Triangle KIE : ....

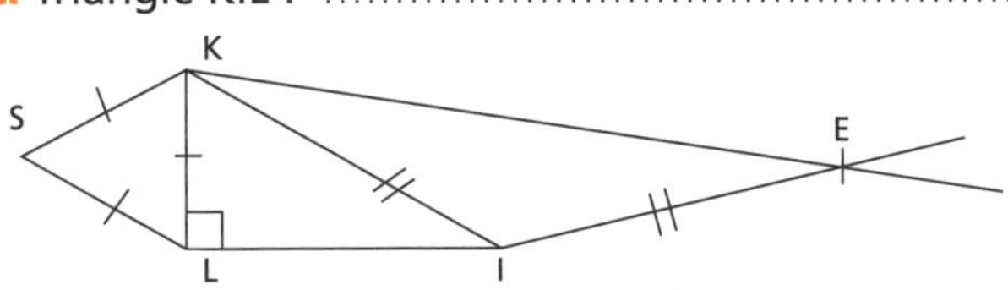

3 ★★ **Sur une feuille à part :**

a. Construis un triangle EFG tel que :
EF = 2,5 cm ;
$\widehat{E}$ = 110° ;
$\widehat{F}$ = 40°.

b. Construis un triangle IJK tel que :
JK = 3 cm ;
IK = 2 cm ;
$\widehat{K}$ = 50°.

4 ★★ **Sur une feuille à part :**

a. Construis la figure ci-dessous en respectant les dimensions données.

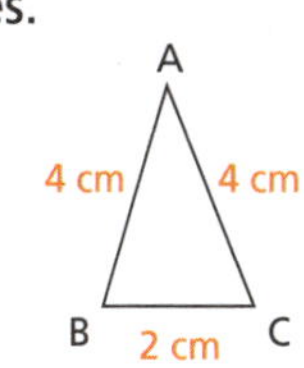

b. Construis un triangle équilatéral de 5 cm de côté.

Auto évaluation Très bien ☐ Bien ☐ Pas assez bien ☐

37 Les quadrilatères

→ Corrigés p. VIII

J'observe et je retiens

■ Le **quadrilatère** UBLE a quatre côtés.
[UL] et [BE] sont les **diagonales**.
[UB] et [EL] sont deux **côtés opposés**, ainsi que [UE] et [BL].

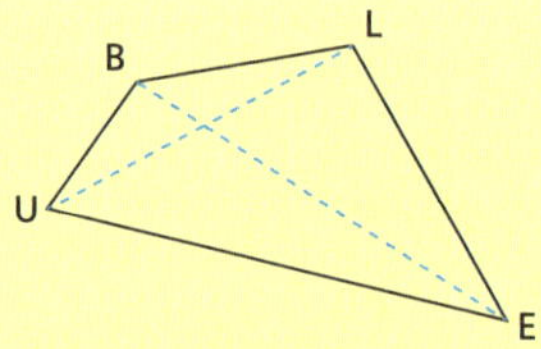

Attention
L'ordre des lettres pour nommer un quadrilatère ou un polygone est important.

■ Un quadrilatère qui a **quatre angles droits** est un **rectangle**.

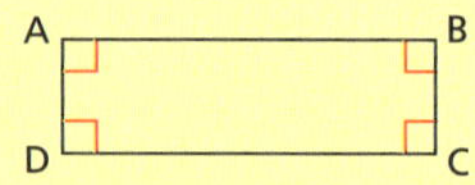

■ Un quadrilatère convexe qui a ses **quatre côtés de même longueur** est un **losange**.
Si EF = FG = GH = HE alors EFGH est un losange.

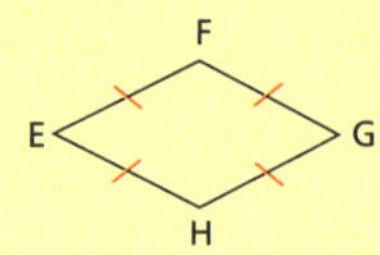

■ Un quadrilatère dont les **quatre côtés** sont **de même longueur** et dont les **quatre angles** sont **droits** est un **carré**.

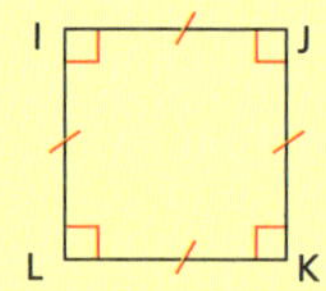

■ Si (AB) // (DC) et (AD) // (BC) alors ABCD est un parallélogramme.
Un quadrilatère dont les **côtés opposés** sont **parallèles deux à deux** est un **parallélogramme**.

Je m'entraîne

1 ★ Trace la deuxième diagonale du quadrilatère EPUJ. Quel est le côté opposé à [PU] ?

....

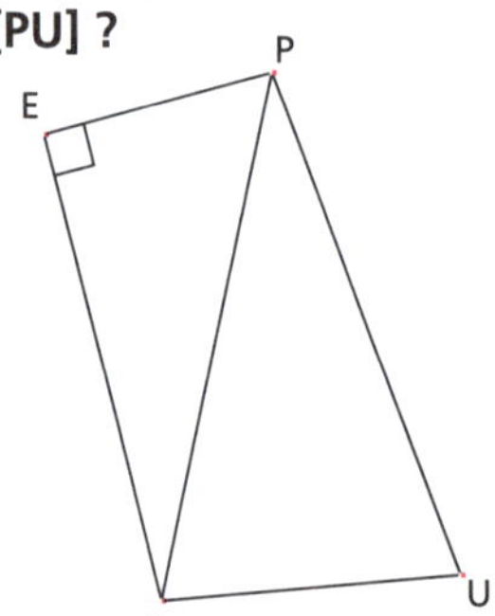

2 ★ Sur la figure ci-dessous, on a : (CH) ⊥ (HK), CH = HK et (HO) ⊥ (CK). Construis cette figure sur une feuille à part, sachant que CH = 3 cm et HO = 5,2 cm. Code le schéma.

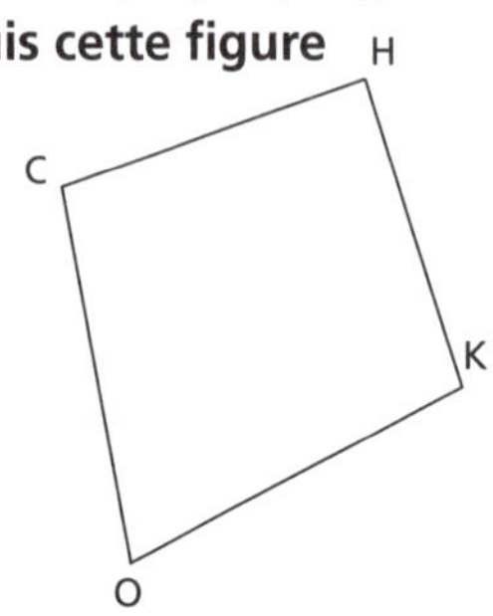

3 ★ Construis, sur une feuille à part, un losange IJKL tel que $\widehat{LIJ} = 55°$ et LI = 3 cm. Puis calcule son périmètre.

4 ★ Construis, sur une feuille à part, un rectangle ABCD tel que AB = 5,5 cm et BC = 2,3 cm. Puis calcule son aire.

5 ★★ Reproduis sur une feuille à part, en grandeur réelle, la figure ci-dessous. L'unité est le cm.

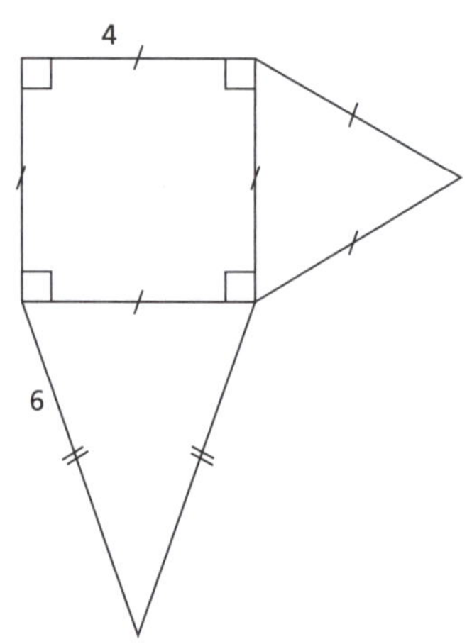

Auto évaluation — Très bien ☐ Bien ☐ Pas assez bien ☐

38 Les solides

→ Corrigés p.VIII

J'observe et je retiens

■ Un **prisme** est un solide dont les **faces latérales** sont des **rectangles**. La base est un **polygone** (ce peut être un **triangle**).

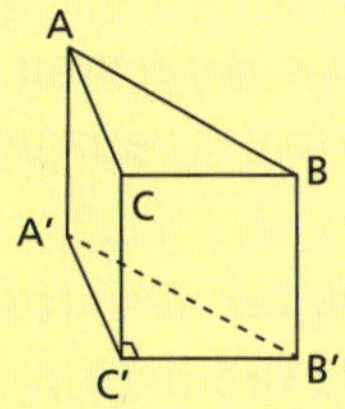

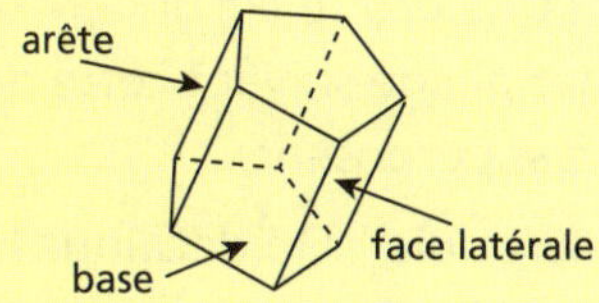

■ Un **cylindre de révolution** est un solide **engendré par un rectangle** qui tourne autour d'un de ses côtés.

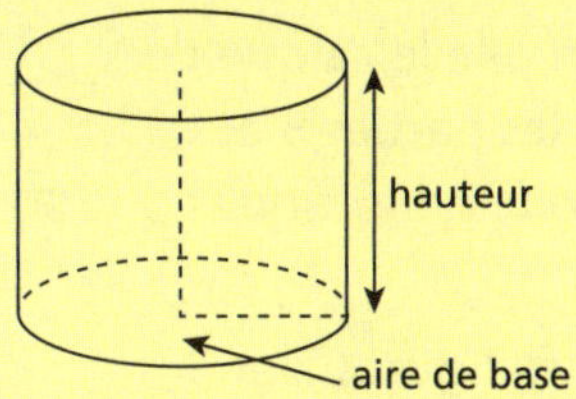

■ Une **pyramide** est un solide dont la **base** est un **polygone** et dont les faces triangulaires ont un sommet commun qui est le **sommet de la pyramide**.

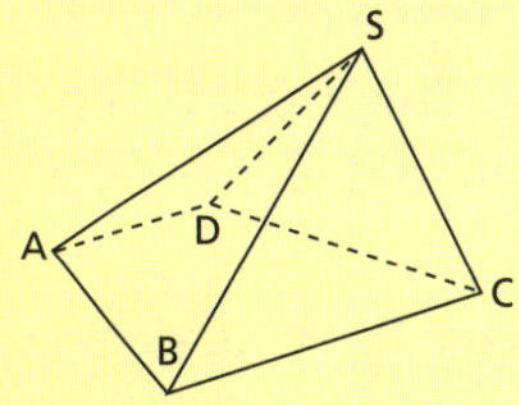

■ Un **cône de révolution** est un solide **engendré par un triangle rectangle** effectuant un tour complet autour d'un des côtés de l'angle droit.

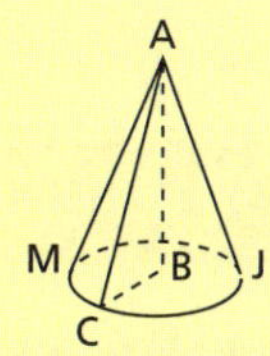

■ Une **boule** de centre O et de rayon *r* est formée par l'ensemble des points situés à une distance inférieure ou égale à *r* du point O.

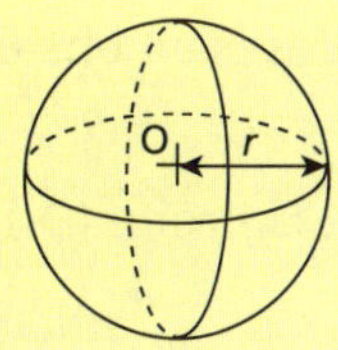

Je m'entraîne

1 ★ Complète les énoncés pour décrire les figures ci-dessous.

a. Le solide ① est .... Sa base est ....
et ses faces latérales sont ....

b. Le solide ② est .... Sa base est ....
et ses faces latérales sont ....

c. Le solide ③ est .... Ses faces sont ....

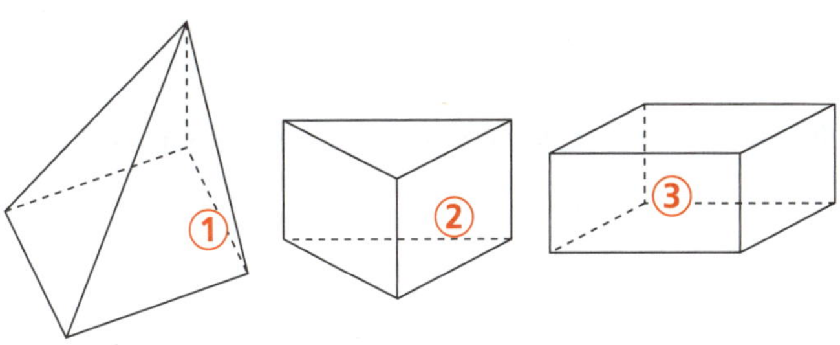

2 ★ Complète les phrases en t'aidant de la leçon.

a. Mes faces sont toutes des carrés.
Je suis ....

b. Ma base est un disque et j'ai un sommet.
Je suis ....

c. Ma base est un rectangle et j'ai un sommet en plus des 4 sommets de ce rectangle. Je suis ....

3 ★★ La base de ce prisme est un losange dont les côtés mesurent 4 cm. Sa hauteur est égale à 6 cm.

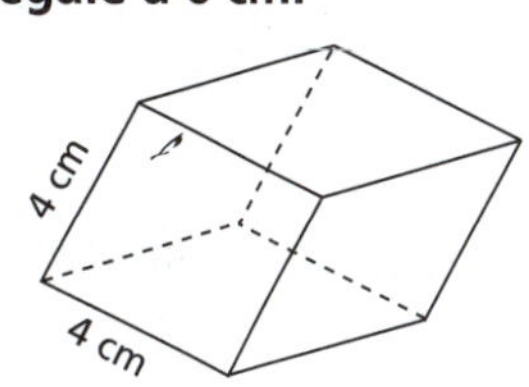

a. Combien de faces possède ce prisme ?
....

b. Calcule la longueur totale de toutes ses arêtes.
....
....

Auto évaluation — Très bien ☐ Bien ☐ Pas assez bien ☐

39 Symétrie axiale : axe de symétrie

→ Corrigés p. VIII

J'observe et je retiens

■ Une droite est un **axe de symétrie** pour une figure si, par pliage suivant cette droite, les deux parties de la figure se superposent.

Exemple On décalque la figure ci-contre et on plie le calque de manière à ce que le pli soit la droite (D_1) et que les parties 8 et 9 se superposent : on dit que les parties 8 et 9 sont **symétriques** par rapport à la droite (D_1).

- Les figures 2 et 3 se superposent : on dit que les figures 2 et 3 sont symétriques par rapport à la droite (D_1).
- La figure 1 se superpose à elle-même : on dit que la droite (D_1) est un **axe de symétrie** pour la figure 1.

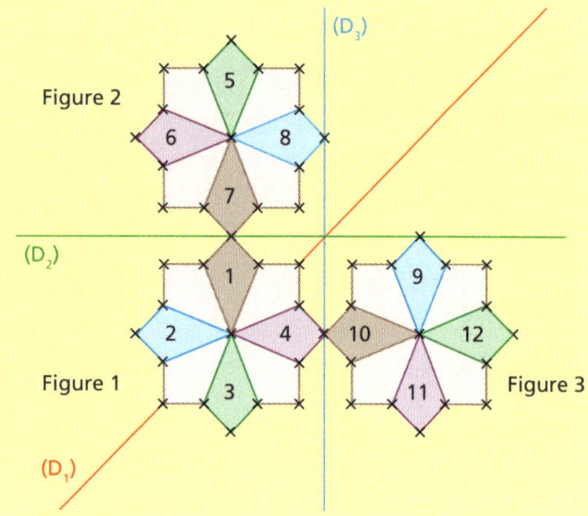

Je m'entraîne

1 ★ Complète les phrases en observant la figure ci-dessus.

a. Par le pliage suivant la droite (D_1), la partie 6 superpose la partie .... et la partie .... superpose la partie 4.

b. Par le pliage selon la droite (D_2), la partie 6 superpose la partie .... et la partie .... superpose la partie 4.

2 ★ Complète les phrases en observant la figure ci-dessus.

a. Si l'on plie selon la droite (.....), les figures 1 et 3 se superposent.

b. Dans ce pliage, les parties ..... et 12 se superposent.

3 ★ Pour les figures suivantes, à l'aide d'un calque, trouve l'(ou les) axe(s) de symétrie des figures quand il y en a.

4 ★★ À l'aide d'un pliage, complète les figures pour que les droites (D) et (D′) soient des axes de symétrie.

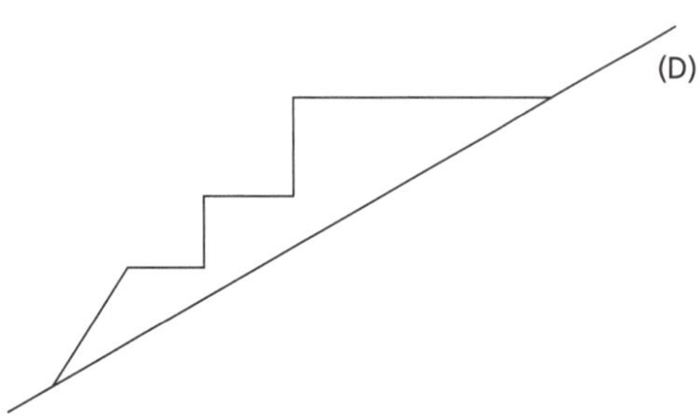

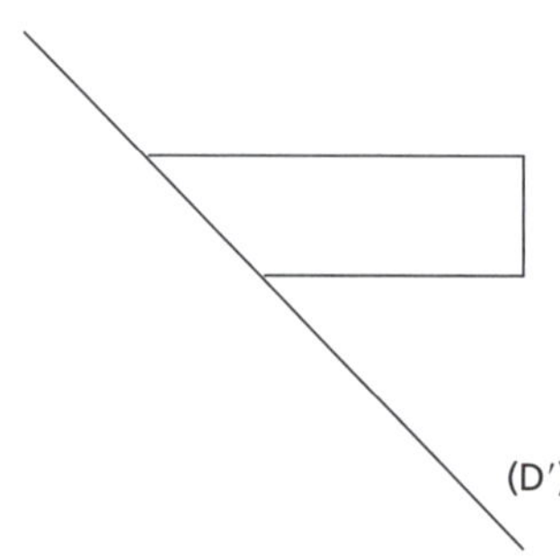

Auto évaluation — Très bien ☐ Bien ☐ Pas assez bien ☐

40 Symétrie axiale : médiatrice d'un segment

→ Corrigés p.IX

J'observe et je retiens

Définition : La médiatrice du segment [AB] est la droite perpendiculaire à ce segment qui le coupe en son milieu.

Propriété : La médiatrice du segment [AB] est la droite formée par l'ensemble des points équidistants des extrémités du segment [AB].

Méthode **Construire la médiatrice du segment [AB]**

- **Méthode 1**

1. On construit le segment [AB].
2. On marque le milieu H du segment [AB].
3. On trace la droite (D) perpendiculaire à la droite (AB) passant par H.

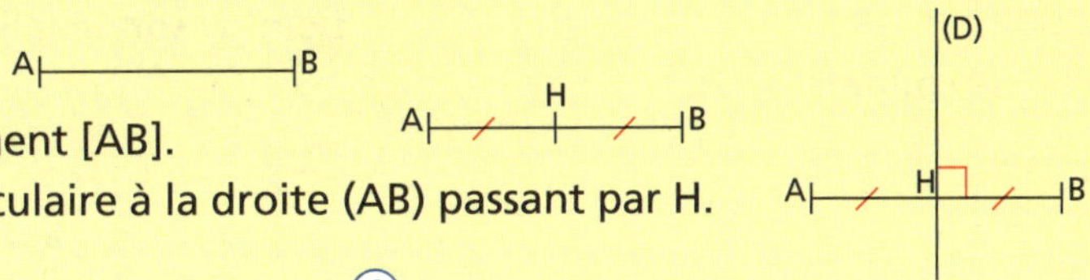

- **Méthode 2**

1. On construit le segment [AB].

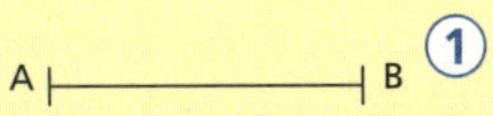

2. On trace un arc de cercle de centre A et d'un rayon supérieur à la moitié de la longueur du segment [AB] d'un côté de ce segment.
3. On trace un arc de cercle de centre B et de même rayon du même côté du segment [AB].
4. On marque le point I qui est l'intersection des deux arcs de cercle.
5. On recommence la même étape que précédemment pour obtenir J, point d'intersection des deux autres arcs de cercle de même rayon.
6. On trace la droite (IJ), c'est la médiatrice du segment [AB].

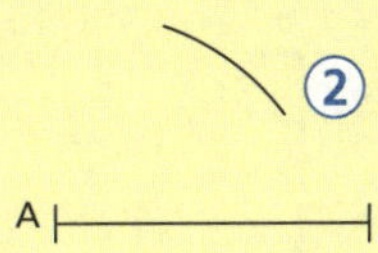

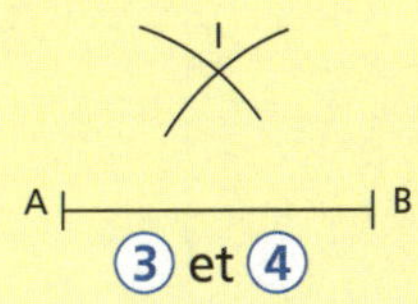

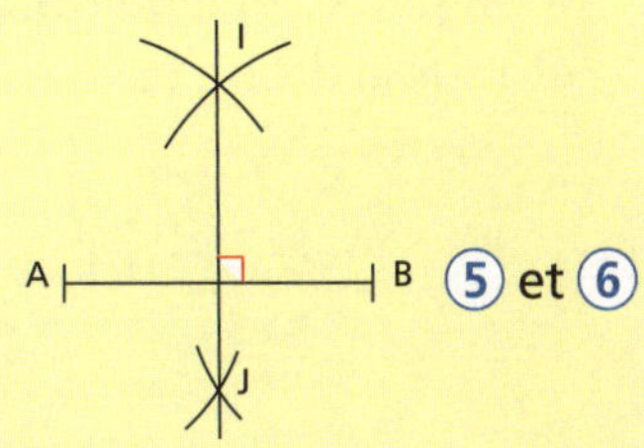

Je m'entraîne

1 ★ **Dis si la droite (D) est la médiatrice du segment [AB]. Justifie ta réponse.**

a.

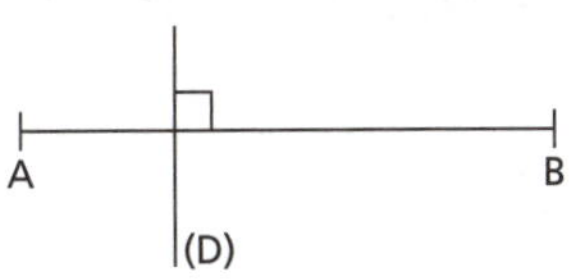

....

b.

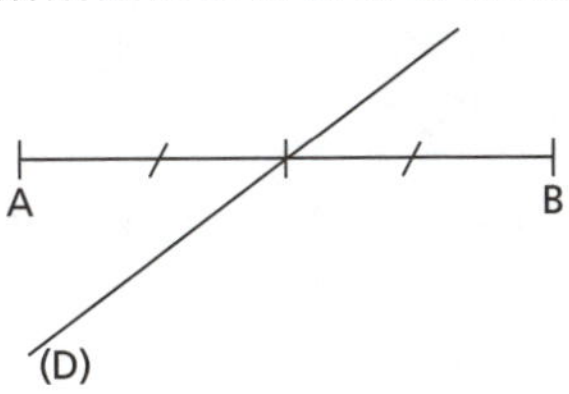

....

c.

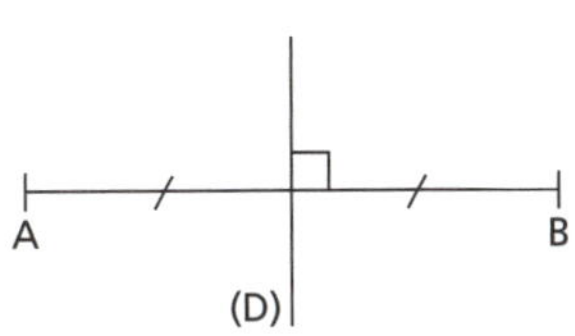

....

2 ★ **a. Construis en vert la médiatrice (Δ) du segment [AB] et construis en rouge la médiatrice (D) du segment [EF].**

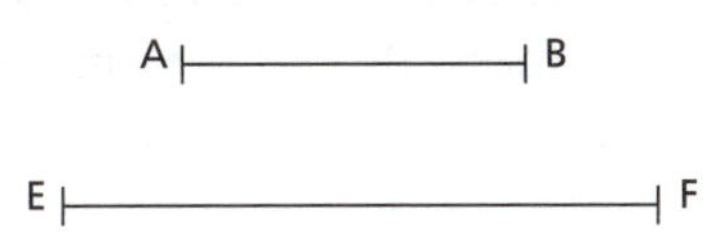

b. Que constates-tu ? ....

3 ★★ **a. Construis (Δ_1), (Δ_2) et (Δ_3), les médiatrices des segments [AB], [BC] et [AC].**

b. Vérifie que ces trois droites se coupent en un point O.

c. Avec le compas, vérifie que les longueurs OA, OB et OC sont égales.

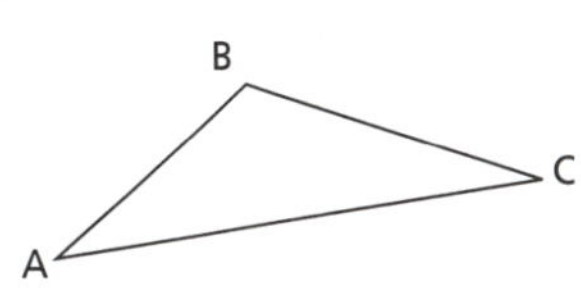

Auto évaluation Très bien ☐ Bien ☐ Pas assez bien ☐

41 Symétrie axiale : symétrique d'un point

→ Corrigés p.IX

J'observe et je retiens

Exemple Si l'on plie la feuille selon la droite (Δ), les points A et B se superposent.

■ Le point B est le symétrique du point A par rapport à la droite (Δ).
Cela signifie que la droite (Δ) est la médiatrice du segment [AB].

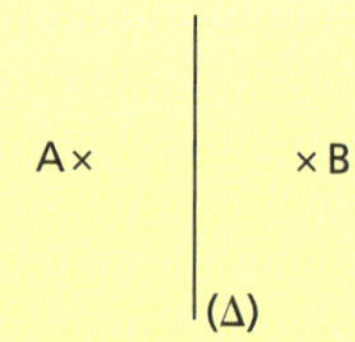

Méthode **Construire le symétrique d'un point par rapport à une droite avec une équerre**

• On trace la droite (D) perpendiculaire à la droite (Δ) passant par le point A.
Les droites (D) et (Δ) se coupent en H.

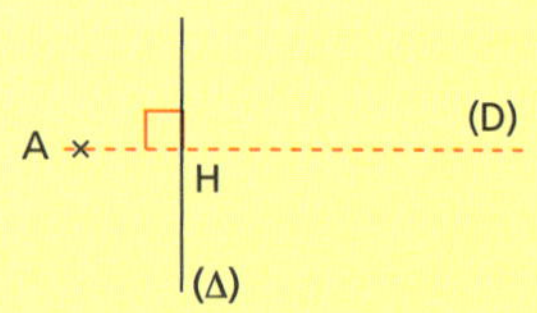

• On place le point B sur la droite (D) tel que le point H soit le milieu du segment [AB].

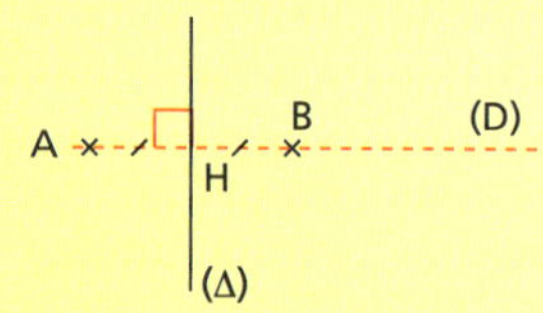

Méthode **Construire le symétrique d'un point par rapport à une droite avec un compas**

• On place deux points distincts I et J sur la droite (Δ).

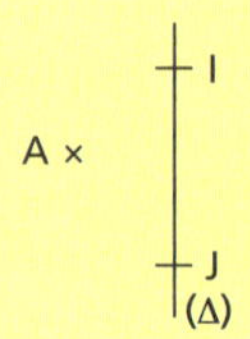

• On trace un arc de cercle de centre I et de rayon AI.

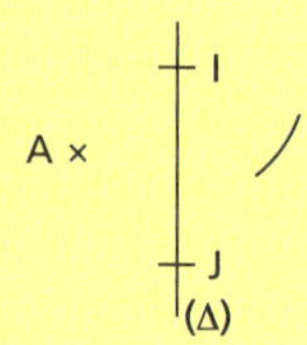

• On trace un arc de cercle de centre J et de rayon AJ. Les deux arcs de cercle se coupent en B.

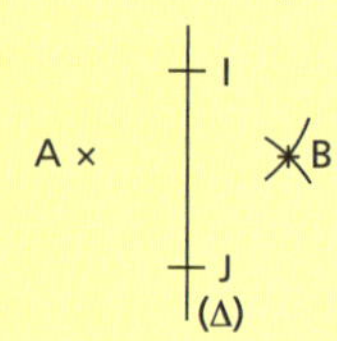

Je m'entraîne

1 ★ **Dans la symétrie par rapport à la droite (D), construis avec une équerre le point B symétrique de A, le point C image de E et le point J image de I. Que remarques-tu ?**

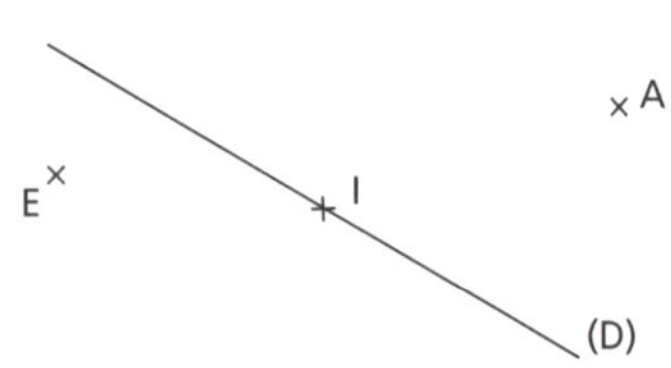

....

....

....

....

....

2 ★★ **Dans la symétrie par rapport à la droite (D), on a :**

Point	A	B	C	E	F	G
Symétrique	K	L	M	N	O	P

a. Construis avec le compas les points symétriques.

b. Trace en vert la droite (AB), en rouge le segment [EF], en bleu la demi-droite [CG).

c. Fais un calque de la figure et trouve le symétrique de la droite (AB), du segment [EF] et de la demi-droite [CG).

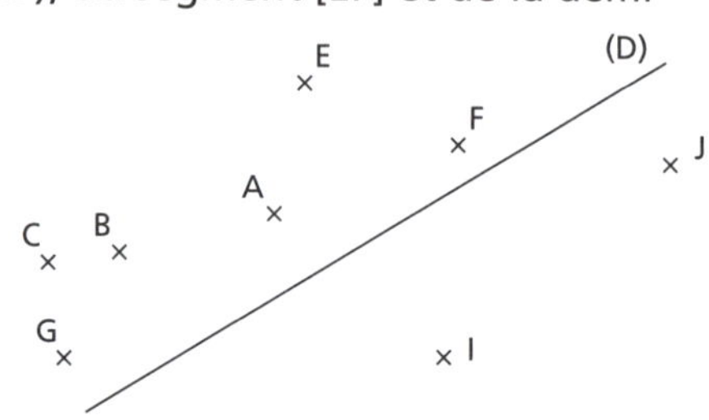

Auto évaluation
Très bien ☐ Bien ☐ Pas assez bien ☐

42 Symétrie axiale : symétrique d'une figure

→ Corrigés p.IX

J'observe et je retiens

■ Le symétrique d'une figure par rapport à une droite est une figure superposable (→ voir exercice 2, fiche 41).

■ Dans une symétrie orthogonale par rapport à une droite (Δ) :

- le **symétrique d'une droite** est une droite (quand trois points sont alignés, leurs symétriques sont alignés) ;
- le **symétrique d'un segment** est un segment de même longueur ;
- le **symétrique d'un cercle** de centre O et de rayon *r* est un cercle qui a pour centre le symétrique de O et pour rayon *r* ;
- le **symétrique d'un angle** est un angle de même mesure.

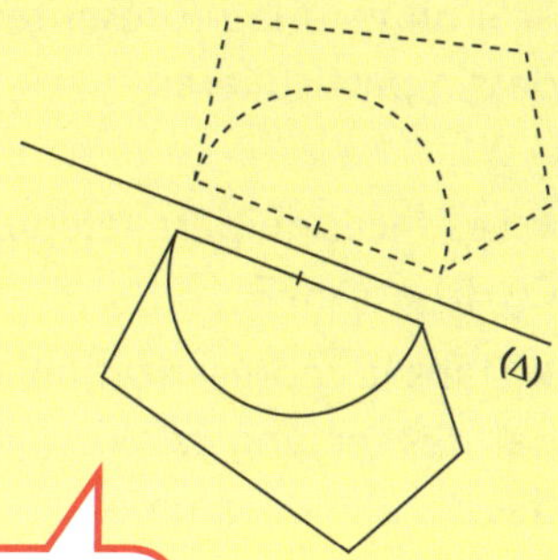

Remarque
Pour construire l'image de cette figure, on construit les images de chaque sommet du polygone et de chaque segment, puis on trace l'image du demi-cercle.

Je m'entraîne

1 ★ **Dans la symétrie par rapport à la droite (D), construis les symétriques de la droite (AB) et du segment [FG].**

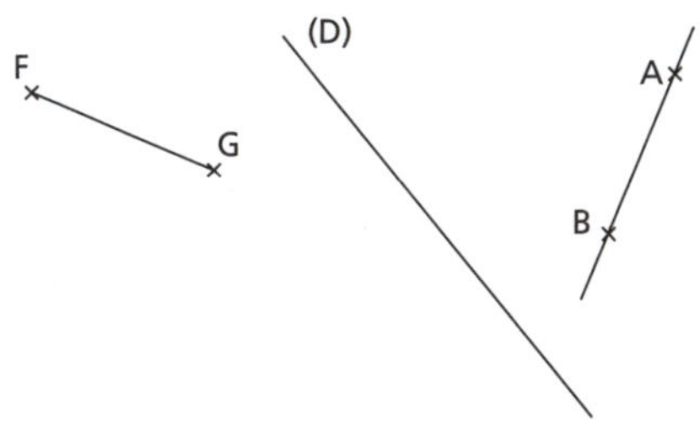

2 ★ **Construis, avec une équerre, le triangle IJK symétrique du triangle ABC par rapport à la droite (D_1).**

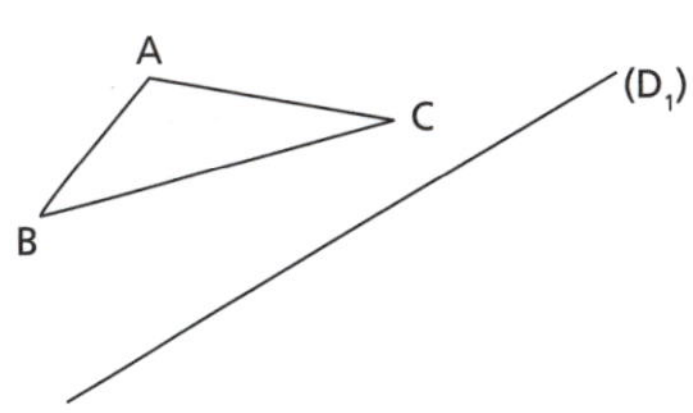

3 ★ **Construis sur une feuille à part, avec un compas, le triangle RST symétrique du triangle EFG par rapport à la droite (D_2).**

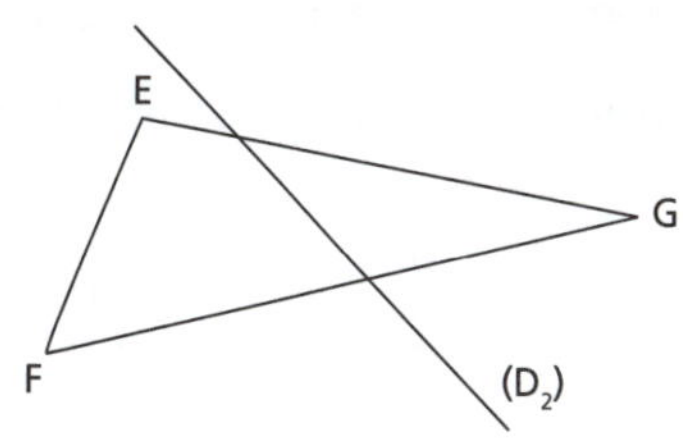

4 ★★★ **Sachant que le point B est le symétrique du point A par rapport à la droite (D), trace (D) puis construis le symétrique de la figure par rapport à la droite (D).**

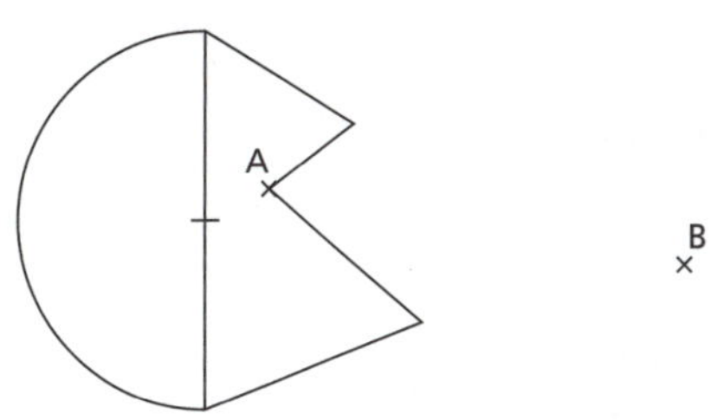

Auto évaluation Très bien ☐ Bien ☐ Pas assez bien ☐

43 Les parallélépipèdes : définition

→ Corrigés p. IX

J'observe et je retiens

■ Une boîte rectangulaire n'est pas contenue dans un plan, mais dans l'espace. Elle a 6 faces, 8 sommets et 12 arêtes. Toutes ses faces sont des rectangles.
→ Si on veut la représenter sur une feuille, on fait un schéma en perspective, en utilisant des règles de dessin particulières.

- Les faces du parallélépipède sont les rectangles ABCD, EFGH, BCGF, ADHE, CGHD et ABFE.
- Dans la représentation, seules les faces vues de face sont représentées par des rectangles alors que les autres sont représentées par des parallélogrammes.
- Des droites parallèles en réalité sont représentées par des droites parallèles. Les arêtes cachées sont représentées en pointillés.

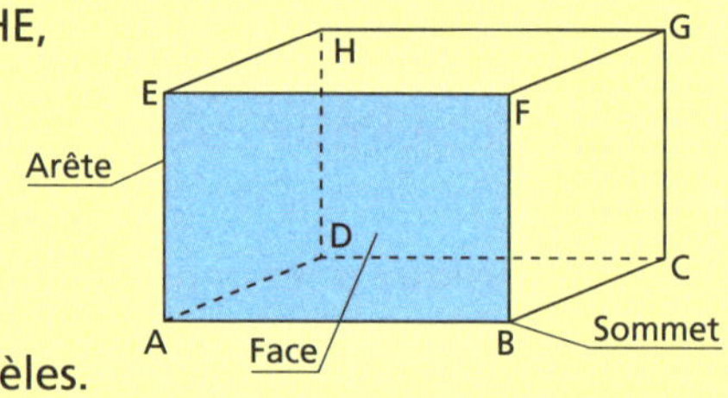

■ Le **parallélépipède rectangle**, ou **pavé droit**, est un solide à trois dimensions (longueur, largeur et hauteur) dont toutes les faces sont des rectangles.

■ Quand les trois dimensions d'un parallélépipède sont égales, toutes ses faces sont des carrés : on dit que c'est un **cube**.

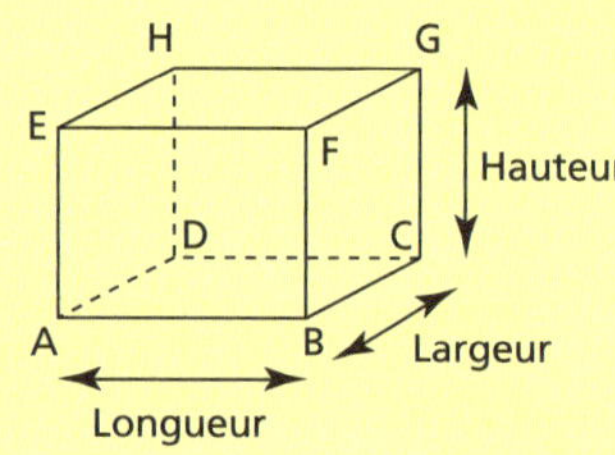

Je m'entraîne

1 ★ Pour la figure ci-dessous, complète les phrases avec les mots parallèles ou perpendiculaires.

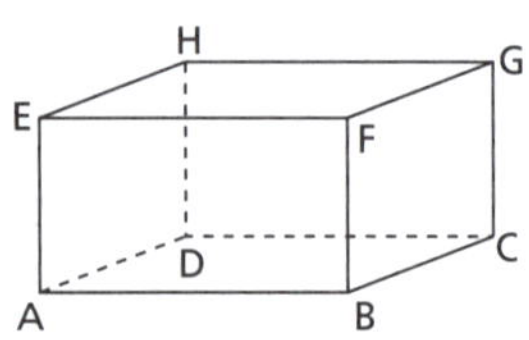

a. Les faces (ABCD) et (EFGH) sont :

....

b. Les faces (ADHE) et (HDCG) sont :

....

c. La droite (AE) est :

.... à la face (ABCD).

2 ★ Le dessin représente un cube. Complète les phrases.

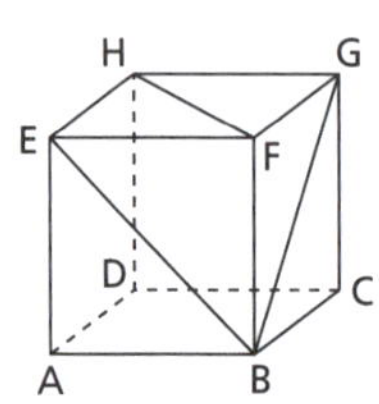

Dans la réalité, les six faces sont des .... et les arêtes sont de même .... Sur le schéma, la face BFGC est un .... et la face HGCD est un .... F est un .... du cube. [BF] est une .... du cube. ABCD est une .... du cube.

3 ★★ Observe la figure de l'exercice 2 et indique si les phrases sont vraies ou fausses.

1.

Dans la réalité	Vrai	Faux
a. La face ADHE est un carré.		
b. On a HD = DC.		
c. [EB] et [HD] se coupent.		
d. L'angle $\widehat{HDA}$ est droit.		

2.

Sur le schéma	Vrai	Faux
a. La face ABCD est un carré.		
b. On a BC = HD.		
c. [BG] et [DC] se coupent.		
d. L'angle $\widehat{HDA}$ est droit.		

Auto évaluation Très bien ☐ Bien ☐ Pas assez bien ☐

44 Les parallélépipèdes : patron, aire latérale

→ Corrigés p.IX

J'observe et je retiens

■ On imagine que l'on découpe le parallélépipède en suivant les arêtes [AB], [BC], [AD], [BF], [AE], [CG] et [DH]. On peut alors mettre à plat les faces du parallélépipède et on obtient la figure ci-dessous.

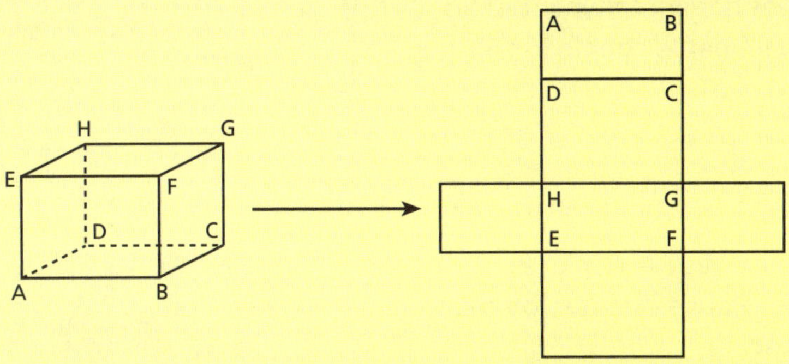

Astuce
On peut obtenir plusieurs patrons pour un même parallélépipède rectangle.

- Le dessin dans le plan qui permet de reconstituer le parallélépipède par pliage est un **patron** du parallélépipède.
- L'**aire latérale** d'un parallélépipède est la **somme des aires des quatre faces perpendiculaires à la base**.
- L'**aire totale** d'un parallélépipède est la **somme des aires de toutes les faces** du parallélépipède.

Je m'entraîne

1 ★ **Pour chaque schéma, dis si ce sont des patrons de parallélépipède.**

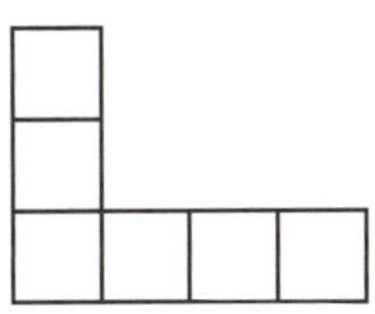

Schéma n° 1 : ....

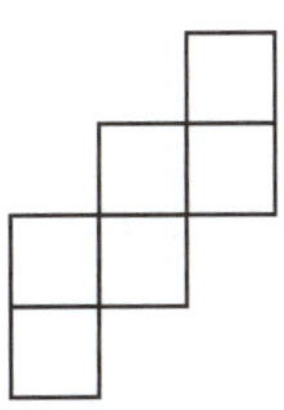

Schéma n° 2 : ....

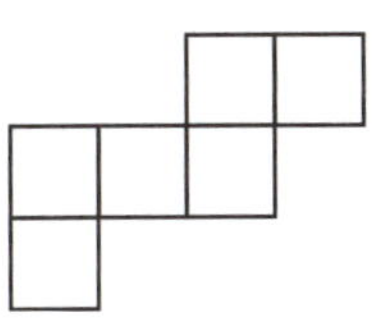

Schéma n° 3 : ....

2 ★★ Une tour a une forme parallélépipédique. Ses faces verticales en verre ont pour dimensions : hauteur → 100 m, longueur → 40 m et largeur → 25 m. **Calcule l'aire en m² de la surface de verre nécessaire pour recouvrir les façades de cette tour.**

....

3 ★★ **On a représenté ci-dessous un même paquet dans deux positions différentes. Pour chaque paquet, on a placé un ruban. Ses dimensions sont EH = 50 cm ; AE = 35 cm et EF = 20 cm.**

Position n° 1

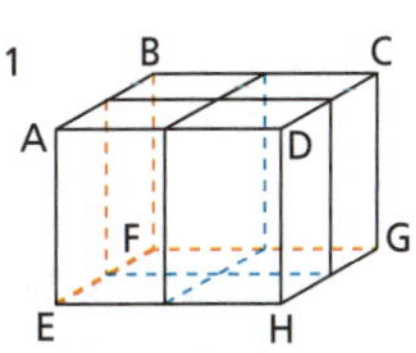

Position n° 2

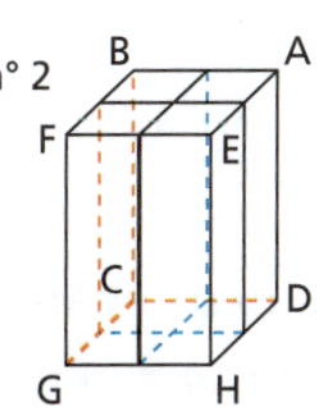

a. Sachant qu'il faut prévoir 25 cm de ruban pour faire le nœud, calcule la longueur de ruban nécessaire pour faire le paquet dans chaque cas.

b. Calcule l'aire totale du paquet. Pour emballer le cadeau, on utilisera 25 % de papier en plus pour les rabats. Calcule l'aire de la surface de papier qui sera utilisée.

Auto évaluation Très bien ☐ Bien ☐ Pas assez bien ☐

45 Se repérer et se déplacer

→ Corrigés p.X

J'observe et je retiens

■ Lors d'un **déplacement dans le plan**, on utilise deux dimensions ; **dans l'espace**, on en utilise trois.

Exemple Pour jouer à la bataille navale, on utilise un tableau avec des codes pour placer les bateaux. Les lettres sont lues horizontalement et les nombres verticalement. Le navire P est donc repéré par le couple (C ; 8).

	1	2	3	4	5	6	7	8	9	10
A		S								
B										
C					R			P		
D										
E										T
F			V							
G										
H						U				
I										
J										

■ Par convention, sur ce type de quadrillage, on ne peut se déplacer qu'en suivant les lignes horizontales ou verticales. Pour s'orienter, on peut utiliser les points cardinaux nord, sud, est et ouest.

Exemple Pour te rendre du point A au point B, où tu dois rejoindre un ami en empruntant le chemin orange, tu avanceras de 5 cases vers l'est, puis de 6 cases vers le nord, et enfin de 3 cases vers l'est.

Exemple Pour te déplacer dans une ville, tu peux utiliser un plan pour te repérer.

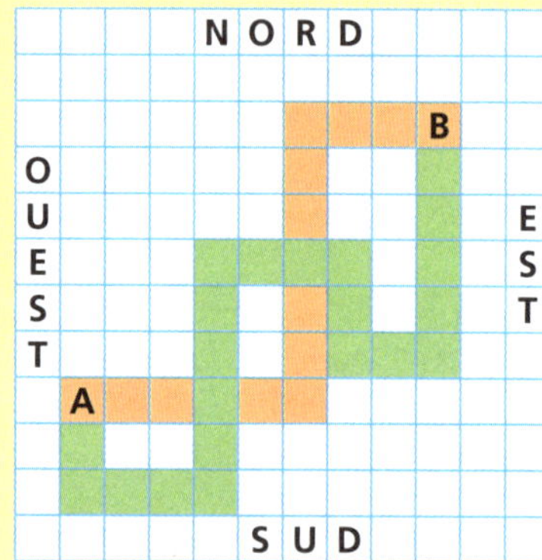

Je m'entraîne

1 ★ Observe le premier quadrillage et donne le codage des navires R, S, T, U et V.

R (.... ; ....) S (.... ; ....) T (.... ; ....) U (.... ; ....) V (.... ; ....)

2 ★★ Observe le deuxième quadrillage et réponds aux questions.

a. Donne le codage pour que la personne qui est en B rejoigne celle qui est en A en suivant le sentier vert.

....

....

....

b. Tu peux également utiliser le codage suivant : horizontalement on avance (vers la droite) ou on recule (vers la gauche), et verticalement on monte ou on descend. Donne le nouveau codage pour aller de A à B par le chemin orange, puis pour aller de B à A par le chemin vert.

....

....

....

3 ★★ Sur une feuille à part et en utilisant les instructions ci-dessous, rédige un programme de construction qui te permette d'obtenir la spirale orange en partant de A.

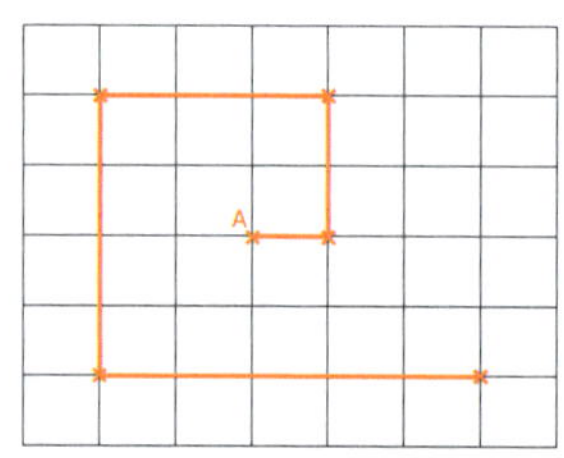

– Avancer de ...... cases

– Tourner à gauche de 90°

4 ★★★ ABCDEFGH est un pavé droit. Une fourmi est au sommet E et veut rejoindre le sommet C en suivant les arêtes.

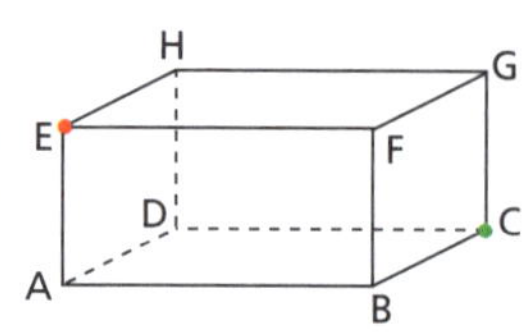

a. Donne un chemin possible pour s'y rendre.

....

b. Calcule la longueur de ce chemin sachant que AB = 5 cm, BF = 2 cm et FG = 4 cm.

....

....

Auto évaluation Très bien ☐ Bien ☐ Pas assez bien ☐

46 Conversion des unités de longueur, de masse et de capacité

→ Corrigés p.X

J'observe et je retiens

Unités de longueur, de masse, de capacité

Unités de longueur				km	hm	dam	m	dm	cm	mm
Unités de masse	t	q		kg	hg	dag	g	dg	cg	mg
Unités de capacité					hL	daL	L	dL	cL	mL

× 10 (km → hm) ; × 10 (dm → cm) ; × 10 (cm → mm) ; × 100 (dm → mm)
× 0,1 (daL → hL) ; × 0,1 (L → daL) ; × 0,01 (L → hL) ; × 0,1 (mL → cL)

Remarque
t est l'abréviation de l'unité **tonne** et q est l'abréviation de l'unité **quintal** → 1t = 1 000 kg et 1q = 100 kg

L'unité d'une colonne est égale à **10 fois** l'unité de la colonne voisine de droite.

Exemple 1 km = 10 hm ; 1 daL = 10 L ; 1 cg = 10 mg. 1 hg = 0,1 kg ; 1 mm = 0,1 cm.
1 km = 100 dam ; 1 dag = 100 dg ; 1 dL = 0,01 daL. (Pour convertir les unités, aide-toi de la **fiche 7**.)

Je m'entraîne

1 ★ Convertis en m, puis en cm.

a. 25 dm = ... m = ... cm

b. 7,5 dam = ... m = ... cm

c. 150 mm = ... m = ... cm

2 ★ Convertis en kg, puis en g.

a. 124 hg = ... kg = ... g

b. 36 cg = ... kg = ... g

c. 7 354 dg = ... kg = ... g

3 ★ Convertis en L, puis en cL.

a. 36 daL = ... L = ... cL

b. 543 dL = ... L = ... cL

c. 27 mL = ... L = ... cL

4 ★ Complète avec les unités qui conviennent.

a. 450 kg = 4 500 .... = 0,45 ....

b. 279 mL = 2,79 .... = 0,027 9 ....

c. 2 300 km = 2 300 000 ....

5 ★ Convertis en cm, puis en dam.

30 hm 5 cm = ... cm ou .... dam

6 ★★ Ce tableau donne les masses de différents animaux. Complète-les, puis classe-les en ordre croissant.

Éléphant	5 t = ... kg
Chat	45 hg = ... kg
Mésange	9,5 g = ... kg
Baleine bleue	100 t = ... kg
Ours blanc	4,5 q = ... kg
Colibri	3 g = ... kg

7 ★★ Antoine prépare une boisson pour ses amis. Il prend 2 L de jus d'orange, 5 dL de jus d'ananas, 3 cL de grenadine et 30 cL d'eau gazeuse. Les verres qu'il propose à ses amis contiennent 25 cL du cocktail.
Combien de verres peut-il remplir ?

....

....

Auto évaluation Très bien ☐ Bien ☐ Pas assez bien ☐

47 Conversion des unités d'aire

→ Corrigés p.X

J'observe et je retiens

Exemple Le carré de côté 1 dm peut être recouvert de 100 petits carrés de côté 1 cm → **1 dm² = 100 cm².**

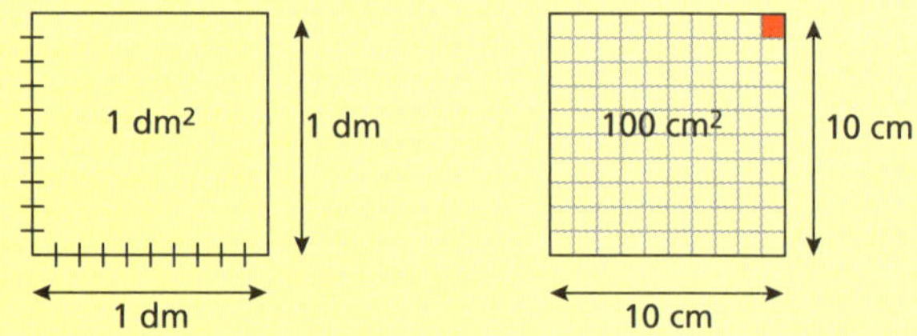

■ **Unités d'aire**

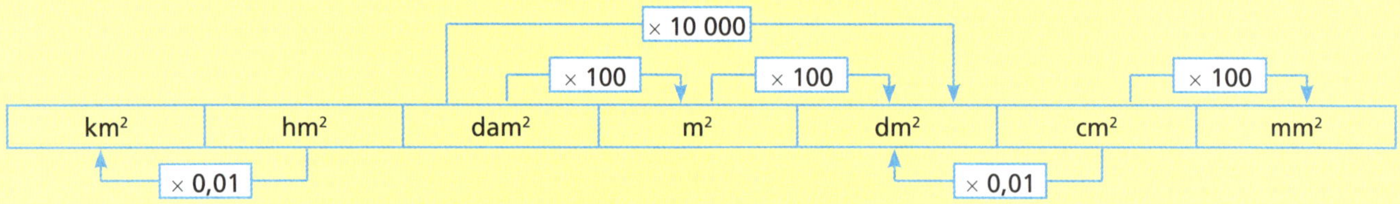

■ L'unité d'une colonne est égale à **100 fois** l'unité de la colonne voisine de droite et **0,01 fois** l'unité de la colonne de gauche.

Exemple 1 dm² = 100 cm² ; 1 hm² = 0,01 km² ; 1 m² = 10 000 cm² ; 1 mm² = 0,000 1 dm².

• Pour exprimer la mesure d'une aire, on peut aussi utiliser l'unité de l'hectare (ha) et ses sous-multiples : l'are (a) et le centiare (ca).

Exemple 1 ha = 10 000 m² ; 1 a = 100 m² ; 1 ca = 1 m².

Je m'entraîne

1 ★ **Convertis dans l'unité demandée.**

a. 453 m² = ... dm² = ... dam²

b. 14 hm² = ... m² = ... dm²

c. 25,8 cm² = ... mm² = ... m²

d. 72 mm² = ... cm² = ... m²

e. 460 000 dm² = ... m² = ... hm²

2 ★ **Complète avec les unités qui conviennent.**

a. 51 dm² = 5 100 ......

b. 24,8 m² = 0,248 ......

c. 4 635 dm² = 0,463 5 ......

d. 571 km² = 5 710 000 ......

e. 58 000 dam² = 5,8 ......

f. 0,49 cm² = 49 ......

3 ★★ **1 ha = 10 000 m² et 1 a = 100 m².**
Calcule en m², puis en ares (a) et en hectares (ha), l'aire du champ représenté sur le schéma ci-dessous.

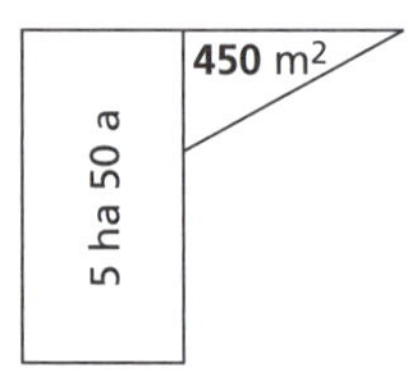

Rappel
Pour exprimer une mesure d'aire, on peut utiliser une unité : l'hectare (ha) et ses sous-multiples.

4 ★★★ Monsieur Bricole veut recouvrir de carrelage sa terrasse de 35 m². Les carreaux de carrelage sont de forme carrée de 20 cm de côté et sont vendus par paquet de 25.
Combien de paquets devra-t-il acheter ?..................

5 ★★★ Deux terrains ont respectivement pour forme un carré et un rectangle. La longueur du côté du carré est égale à 26 m ; le prix de ce terrain est de 190 € le m². Le terrain rectangulaire est vendu au prix de 40 € le m² ; sa longueur mesure 65 m.
Sachant que le prix des deux terrains est le même, calcule la largeur du terrain rectangulaire.

Auto évaluation   Très bien ☐   Bien ☐   Pas assez bien ☐

48 Conversion des unités de volume

→ Corrigés p.X

J'observe et je retiens

Exemple Il faut 1 000 petits cubes de 1 cm^3 pour remplir un cube de 1 dm^3.
1 dm^3 = 1 000 cm^3.

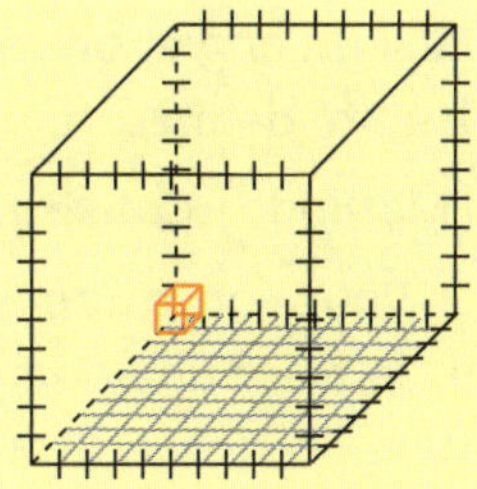

■ **Unités de volume**

km³	hm³	dam³	m³	dm³	cm³	mm³

×1 000 (dam³ → m³) ; ×1 000 (m³ → dm³) ; ×1 000 (cm³ → mm³)
×0,001 (hm³ → km³) ; ×0,001 (mm³ → cm³)

• L'unité d'une colonne est égale à **1 000 fois** l'unité de la colonne voisine de droite.

Exemples 1 dm^3 = 1 000 cm^3 ; 1 m^3 = 1 000 000 cm^3 ; 1 mm^3 = 0,000 001 dm^3.

■ Les **unités de capacité** vues dans la fiche 46 sont aussi des **unités de volume**. Il existe un lien entre ces deux systèmes d'unité.

Exemples 1 L = 1 dm^3 ou encore 1 mL = 1 cm^3.

Je m'entraîne

1 ★ **Convertis en dm^3, puis en cm^3.**

a. 234 000 mm^3 = ... dm^3 = ... cm^3.

b. 21,4 m^3 = ... dm^3 = ... cm^3.

c. 0,002 m^3 = ... dm^3 = ... cm^3.

2 ★ **Convertis en dm^3, en L, puis en cL.**

a. 510 cm^3 = ... dm^3 = ... L = ... cL.

b. 452 000 mm^3 = ... dm^3 = ... L = ... cL.

c. 0,359 m^3 = ... dm^3 = ... L = ... cL.

3 ★ **Écris l'unité qui convient.**

a. 216 m^3 = 216 000 .... b. 14 dm^3 = 0,014 ....

c. 36,1 hL = 3 610 000......... d. 43 mL = 0,043.........

e. 25,4 dL = 2 540 ....

4 ★ **Convertis en dm^3.**

a. 36 m^3 24 dm^3 = ... dm^3

b. 2 m^3 7 dm^3 49 cm^3 = ... dm^3

c. 7 500 cm^3 85 mm^3 = ... dm^3

5 ★ **Choisis l'unité de volume qui convient.**

a. Volume d'une chambre : 36 ....

b. Volume d'un verre : 0,15 ....

c. Volume d'eau dans une piscine : 750 ....

6 ★★ En deux heures, il s'écoule 1,8 m^3 d'eau d'un robinet.
Combien de temps sera nécessaire pour remplir 4 bouteilles de 1,5 L ? Exprime cette durée en secondes (s).

....

....

....

....

7 ★★ Afin de faire des travaux, un camion a déposé 3 m^3 de sable devant la maison de M. Martin. M. Martin transporte ce sable dans une brouette. Il fait 120 voyages.
Quelle est la contenance en dm^3 de chaque brouette ?

....

....

....

....

....

....

Auto évaluation   Très bien ☐   Bien ☐   Pas assez bien ☐

49 Les angles : mesurer et construire

→ Corrigés p.X

J'observe et je retiens

■ À un angle, on associe une mesure qui est un nombre. On peut lire cette mesure avec un rapporteur. L'unité de mesure d'angle est le **degré**.

Méthode **Construire un angle de mesure donnée avec un rapporteur**

Je veux construire un angle $\widehat{xOy}$ de mesure égale à 62°.

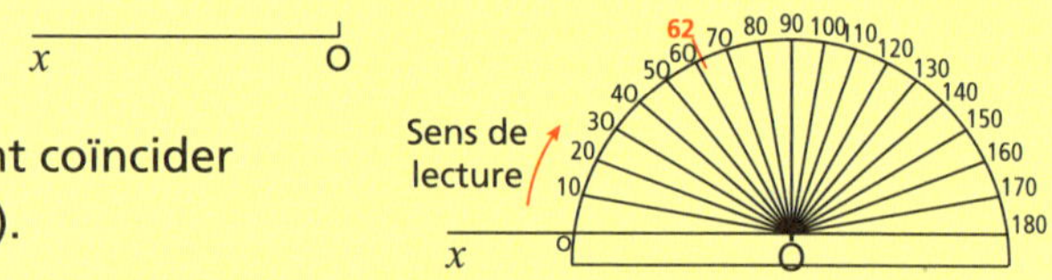

1. Je trace une demi-droite [Ox).
2. Je place le centre du rapporteur sur le point O en faisant coïncider la graduation zéro du rapporteur avec la demi-droite [Ox).
3. Je repère la graduation 62° sur le rapporteur.
4. Je trace la demi-droite qui a pour origine O et qui passe par le repère de la graduation 62°.
5. Je note [Oy) cette demi-droite.

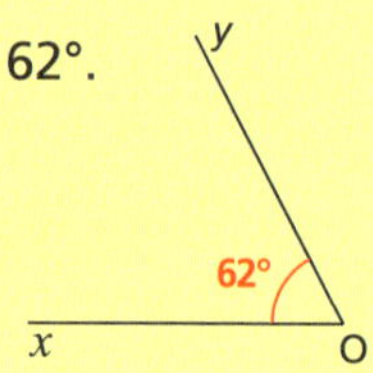

Méthode **Mesurer un angle de mesure donnée avec un rapporteur**

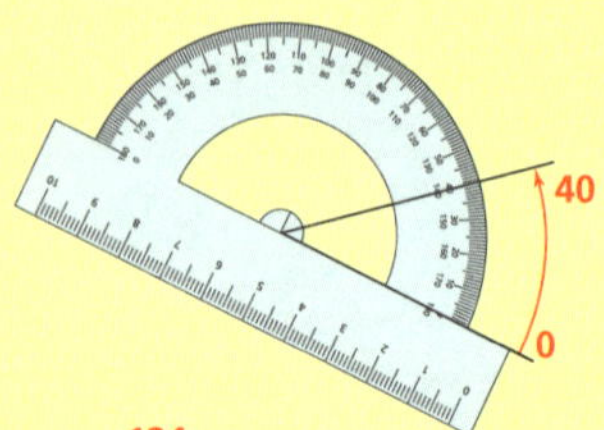

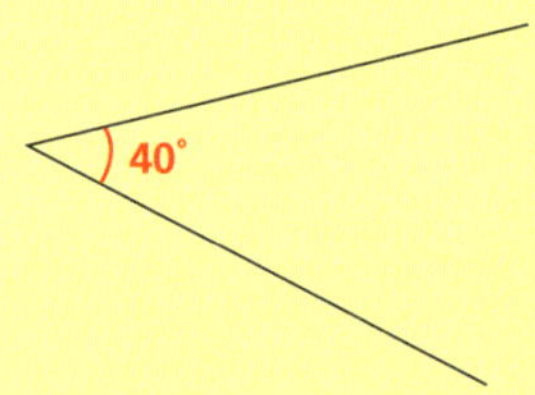

Angle aigu : sa mesure est **inférieure à 90°.**

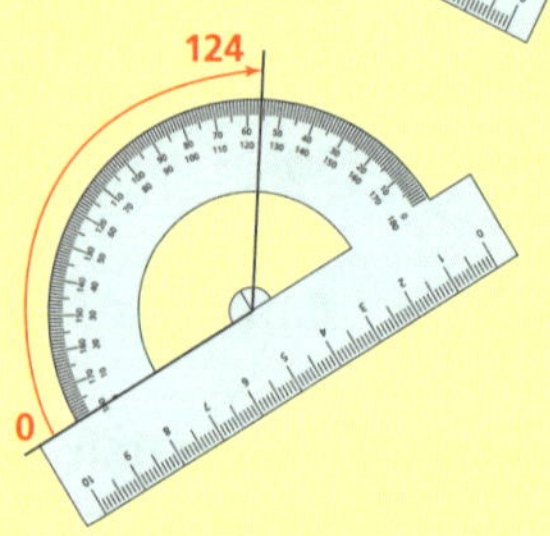

Le centre du rapporteur se place sur le sommet de l'angle et la graduation zéro dans le prolongement d'un de ses côtés. On lit la graduation qui est le prolongement de l'autre côté.

Angle obtus : sa mesure est **supérieure à 90°.**

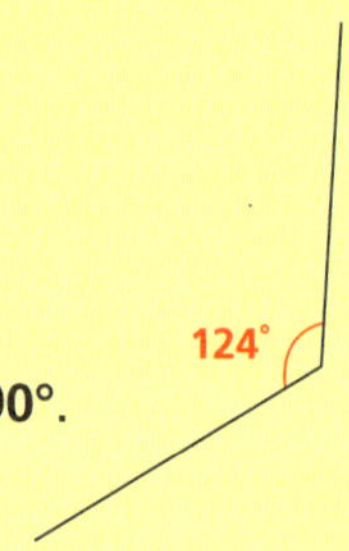

Je m'entraîne

1 ★ **Mesure, à l'aide d'un rapporteur, les angles suivants : $\widehat{xOy}$; $\widehat{mAn}$; $\widehat{tBu}$; $\widehat{vCw}$; $\widehat{zEp}$. Décalque tous les angles puis prolonge les côtés pour mesurer les angles avec ton rapporteur.**

a.

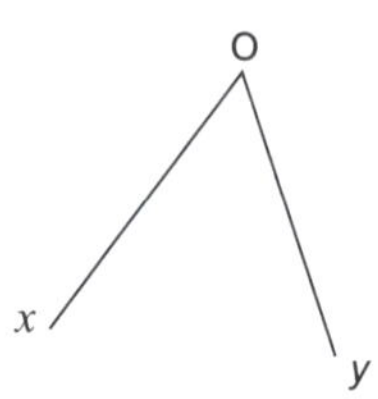

b.

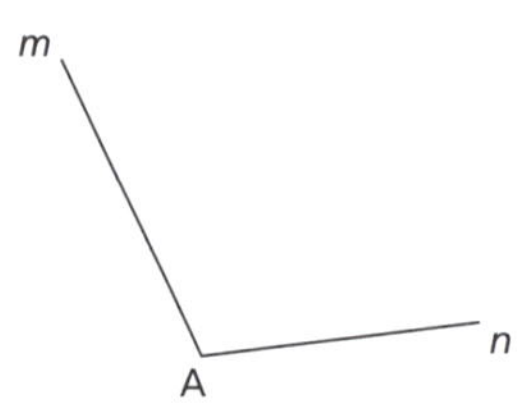

c.

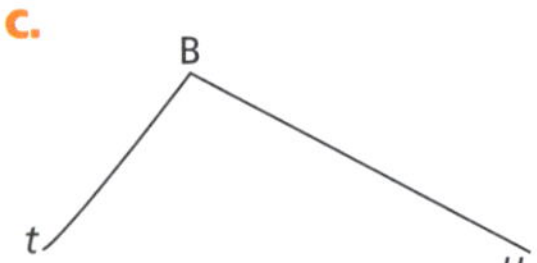

d.

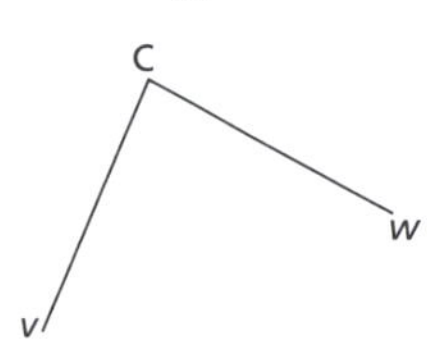

e.

2 ★★ **Sur une feuille à part, construis avec un rapporteur les secteurs angulaires $\widehat{xOy}$, $\widehat{zAt}$, $\widehat{mBn}$ et $\widehat{eCf}$ de mesures respectives 49°, 112°, 85° et 157°, puis reproduis-les avec le compas.**

3 ★★ **Sur une feuille à part :**

a. Construis une droite (D) et place sur (D) deux points distincts E et G tel que EG = 4 cm.

b. Construis une demi-droite [Gx) tel que $\widehat{EGx}$ = 60°.

c. Construis la droite (yz) sachant que $\widehat{GEz}$ = 30° et que les demi-droites [Ez) et [Gx) se coupent en H.

Auto évaluation — Très bien ☐ Bien ☐ Pas assez bien ☐

50 Proportionnalité : échelle

→ Corrigés p.XI

J'observe et je retiens

Exemple Quand on dit qu'une maquette est à l'échelle $\frac{1}{500}$, cela veut dire que les dimensions réelles de l'objet sont 500 fois plus grandes que celles de la maquette.

Autrement dit : 1 cm sur la maquette représente en réalité 500 cm ou 5 m.

■ L'**échelle d'un plan** est égale au quotient de la longueur sur le plan et de la longueur réelle.
Les deux longueurs sont proportionnelles et **exprimées dans la même unité**.

$E = \frac{\text{Longueur sur le plan}}{\text{Longueur réelle}}$. Le plus souvent, l'échelle E s'écrit comme une fraction dont le numérateur est 1.

■ **Comment trouve-t-on le troisième nombre quand on connaît les deux autres ?**

Une carte est à l'échelle $\frac{1}{25\,000}$. La longueur d'un lac est de 3 cm.	Une carte est à l'échelle $\frac{1}{25\,000}$. Un chemin a pour longueur réelle 5 km.	La maquette d'une voiture d'une longueur réelle de 3,3 m a pour longueur 13,75 cm.
Quelle est la longueur réelle du lac ?	**Quelle est sa longueur sur la carte ?**	**Quelle est l'échelle de cette maquette ?**
1 cm de la carte : 25 000 cm en réalité. 3 × 25 000 = 75 000 cm ou 750 m. La longueur du lac est de 750 m.	5 km = 5 000 m = 500 000 cm. 500 000 ÷ 25 000 = 20 Le chemin mesure 20 cm sur la carte.	3,3 m = 330 cm. 330 ÷ 13,75 = 24. La voiture est 24 fois plus grande en réalité que sur la maquette. L'échelle est de $\frac{1}{24}$.

Je m'entraîne

1 ★ **Le Concorde avait une longueur réelle de 62,10 m.**

a. L'échelle d'une maquette de cet avion est $\frac{1}{200}$.
Quelle était la longueur du Concorde sur la maquette ?

Longueur sur la maquette	1	y
Longueur réelle	200	6 210

$200 \times y = 6\,210 \times 1$

$y = \frac{\ldots\ldots\ldots \times \ldots\ldots\ldots}{\ldots\ldots\ldots} = \ldots\ldots\ldots$

La longueur du Concorde sur la maquette était égale à ....

b. Sur cette maquette, l'envergure de l'avion est de 12,8 cm. Quelle était l'envergure réelle du Concorde ?

Longueur sur la maquette		
Longueur réelle		

.... × .... = ... × ....

....

La longueur réelle de l'envergure du Concorde était égale à ....

2 ★★ **Une maquette de l'Airbus A340 mesure 50,8 cm de long, alors que sa longueur réelle est 63,50 m. L'envergure réelle de l'avion est de 58,75 m.**

a. Quelle est l'échelle de la maquette ?

....

b. Quelle est l'envergure de l'avion sur la maquette ?

....

3 ★★★ **Un champ rectangulaire et un champ carré sont mis en vente.**

a. L'aire du champ rectangulaire est de 500 m^2.
Sa longueur mesure 25 m. Quelle est sa largeur ?

....

b. L'aire du champ carré est égale aux quatre-cinquièmes de celle du champ rectangulaire. Calcule l'aire du champ carré, puis la mesure d'un de ses côtés.

....

c. Sur une feuille à part, représente le champ rectangulaire et le champ carré à l'échelle $\frac{1}{250}$.

Auto évaluation — Très bien ☐ Bien ☐ Pas assez bien ☐

51 Proportionnalité : vitesse

→ Corrigés p.XI

J'observe et je retiens

■ Pour un **mouvement uniforme** à vitesse constante :
– la distance d parcourue est proportionnelle au temps t du parcours ;
– la distance parcourue est égale au produit de la vitesse v par le temps.
Autrement dit : $d = v \times t$.

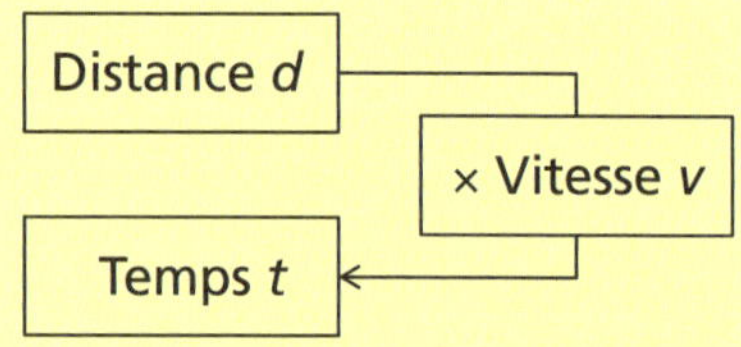

● Si la vitesse v est exprimée en kilomètres par heure (km/h), alors le temps t est exprimé en heures (h) et la distance d en kilomètres (km).

■ **Comment trouve-t-on le troisième nombre quand on connaît les deux autres ?**

On connaît : la vitesse v et le temps t.	On connaît : la distance d et le temps t.	On connaît : la distance d et la vitesse v.
On calcule : **la distance d.**	On calcule : **la vitesse v.**	On calcule : **le temps t.**
On multiplie la vitesse v par le temps t : $d = v \times t$	On divise la distance d par le temps t : $v = \frac{d}{t}$	On divise la distance d par la vitesse v : $t = \frac{d}{v}$

● Ces règles sont les règles habituelles d'un tableau de proportionnalité.

Je m'entraîne

1 ★ La vitesse autorisée sur la route est de 80 km/h. Un contrôle de vitesse est effectué sur une portion de route longue de 1 500 m. Lisa a parcouru cette distance en 1 min.
Quelle serait la distance parcourue par Lisa en 1 h si elle roulait à cette même vitesse constante ? Serait-elle en infraction ?

La distance parcourue en 1 h est ....

Lisa ....

2 ★ **La distance entre Paris et Châteauroux est d'environ 260 km. Baptiste part de Paris à 9 h. Il compte rouler à la vitesse moyenne de 65 km/h.**

a. À quelle heure doit-il arriver à Châteauroux ?

....

b. En réalité, au bout de 2 h, il a parcouru 143 km. Quelle est sa vitesse moyenne horaire ?

....

c. Il roule sur la dernière partie du trajet à la vitesse de 90 km/h. À quelle heure arrivera-t-il ?

....

3 ★ Un motard a effectué un trajet de 96 km en 1 h 20 min.
En supposant son mouvement uniforme, quelle distance a-t-il parcourue en 1 h ?

....

....

....

4 ★★ **À vélo, Enzo roule d'abord pendant 20 min à la vitesse moyenne de 33 km/h puis pendant 2 h à la vitesse de 12 km/h.**

a. Quelle distance a-t-il parcourue ?

....

....

b. Quelle est sa vitesse moyenne sur l'ensemble de la promenade en km/min et en km/h?

....

....

....

Auto évaluation Très bien ☐ Bien ☐ Pas assez bien ☐

52 Durée : unités usuelles

→ Corrigés p.XI

J'observe et je retiens

■ On peut exprimer une même durée dans des unités différentes : en heures, en minutes, en secondes.

Exemples • 25 min 37 s = (25 x 60) + 37 = 1 537 s.

• Pour convertir 388 s en min, on effectue la division euclidienne de 388 par 60.
388 = 6 × 60 + 28. Donc 388 s = 6 min 28 s.

• Thibaud a couru pendant 2 min 38 s, puis pendant 4 min 53 s. Combien de temps a-t-il couru en tout ?
On additionne les secondes : 38 + 53 = 91. Il faut convertir la durée de 91 s en minutes.
On obtient 91 s = 60 s + 31 s = 1 min + 31 s.
On additionne alors les minutes : 2 + 4 + 1 = 7. Donc 2 min 38 s + 4 min 53 s = 7 min 31 s.

Attention
Une durée peut aussi être exprimée dans le système décimal
→ 1 h 30 min = 1,5 h.

■ La **durée** est la mesure du temps écoulé entre deux instants.

• L'unité de la durée est la **seconde** ou **s**. Il existe d'autres unités de durée. La **minute** ou **min** : 1 min = 60 s. L'**heure** ou **h** : 1 h = 60 min = 3 600 s.

• Les unités plus grandes que l'heure sont le jour, la semaine, le mois, l'année, le siècle et le millénaire.

• Les unités plus petites que la seconde sont le dixième de seconde (ou 0,1 s), le centième de seconde (ou 0,01 s), etc.

Je m'entraîne

1 ★ **Calcule les durées.**

a. 3 h 16 min + 1 h 28 min = ...

b. 6 min 58 s – 2 min 31 s = ...

c. 5 min 24 s + 12 min 59 s = ...

2 ★ **Complète.**

a. 148 s = 120 s + ... s = ... min .... s

b. 265 min = ... h .... min

c. 4 231 s = ... h .... min .... s

3 ★ Aujourd'hui, Adèle a fait la sieste. Elle s'est endormie à 13 h 53 min et s'est réveillée à 14 h 38 min.
Pendant combien de temps a-t-elle dormi ?

....

4 ★ Mardi matin, Paul commence sa matinée à 8 h 30. Il a un cours de français de 55 min, puis un cours d'histoire de 50 min. Ensuite, la récréation dure 20 min. Il finit sa matinée par un cours de sport de 1 h 30 min.
À quelle heure se termine son dernier cours de la matinée ? ....

....

5 ★ Sarah prend un train à Lyon à 8 h 24 min et arrive à Chambéry à 9 h 18 min.
Quelle est la durée de son trajet ?

....

6 ★ **Complète les phrases.**

Dans une journée, il y a ...... heures. Dans un mois, il y a ......, ..., ... ou ...... jours. Dans un siècle, il y a ...... années et ...... mois. Dans un millénaire, il y a ...... années et ...... siècles.

7 ★★ **Un triathlon comporte trois épreuves : 2 km en natation, 30 km en vélo et 5 km en course à pied.**
Voici les temps de concurrents à ces épreuves :

• Concurrent A : 50 min 26 s ; 1 h 03 min ; 38 min 50 s.
• Concurrent B : 48 min 36 s ; 1 h 04 min 29 s ; 36 min 43 s.

Calcule le temps total de chacun des concurrents.

....

....

....

Auto évaluation Très bien ☐ Bien ☐ Pas assez bien ☐

53 Le périmètre d'une figure

→ Corrigés p. XI

J'observe et je retiens

■ Le **périmètre** d'une figure fermée est la **mesure de son contour**, c'est-à-dire la longueur de la ligne qui délimite sa surface (exprimée en unités de longueur).

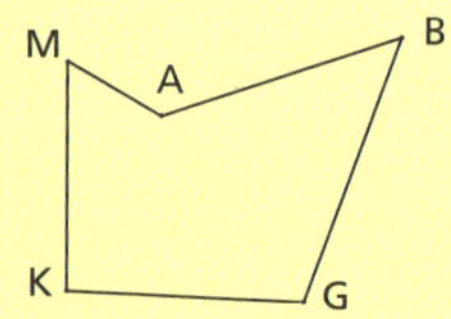

Exemple Périmètre = MA + AB + BG + GK + KM.

Le périmètre du polygone MABGK est la somme des longueurs de ses côtés.

■ **Cas des figures usuelles**

Rectangle	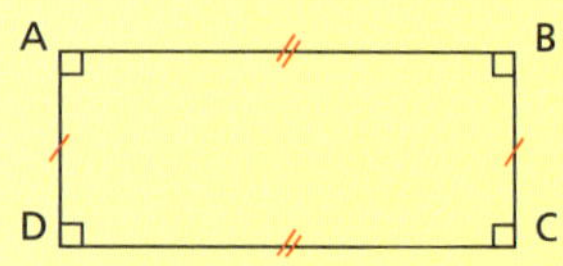	Périmètre = 2 × (longueur + largeur). Périmètre ABCD = 2 × (AB + BC).
Carré, losange	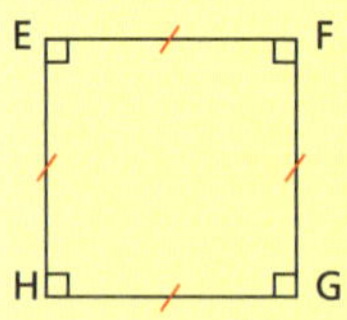 carré 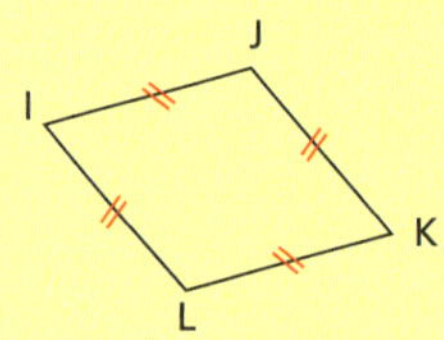 losange	Périmètre = côté × 4. Périmètre EFGH = EF × 4. Périmètre IJKL = IJ × 4.
Triangle	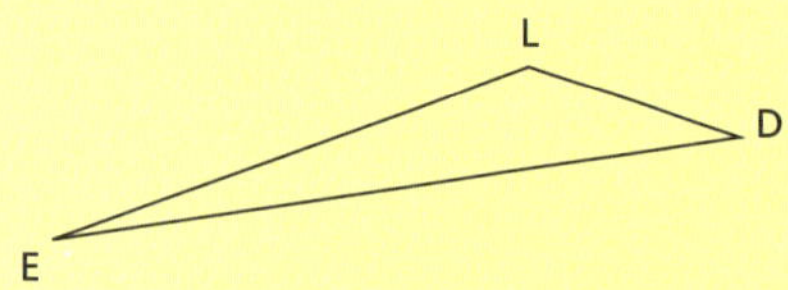	Périmètre = LE + ED + DL.
Cercle	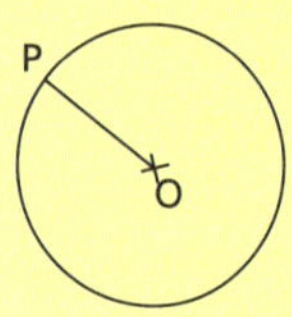	Périmètre = 2 × π × rayon. Périmètre = 2 × π × OP.

Rappel
La valeur arrondie de π au centième est 3,14.

Je m'entraîne

1 ★ **Construis, sur une feuille à part, un triangle EFG tel que EF = 5 cm, EG = 5 cm et FG = 7 cm. Calcule le périmètre du triangle EFG.**

....

....

....

2 ★ **Un triangle ABC est isocèle en A. Son périmètre est de 15,5 cm, le côté [BC] mesure 5,5 cm. Calcule la longueur du côté [AB].**

....

....

....

3 ★★ La largeur d'un rectangle est de 12 cm. Son périmètre est le quart du périmètre d'un carré dont le côté mesure 68 cm.
Combien mesure la longueur du rectangle ?

....

4 ★★★ **[AB] est un segment de longueur 4,5 cm. (Δ) est la médiatrice du segment [AB], C est un point tel que AC = 4,5 cm et BC = 2,5 cm.**

a. Quelle est la nature du triangle ABC ?

....

b. D est le symétrique du point C par rapport à la droite (Δ). Quel est le périmètre du triangle ABD ?

....

Auto évaluation Très bien ☐ Bien ☐ Pas assez bien ☐

54 Les triangles : hauteur et aire

→ Corrigés p.XII

J'observe et je retiens

- Dans un triangle, une **hauteur** est une droite qui passe par un sommet du triangle et qui est perpendiculaire au côté opposé à ce sommet.
Un triangle a **trois hauteurs**. Elles peuvent être à l'intérieur du triangle ou à l'extérieur.
Exemple La hauteur qui passe par le sommet B est perpendiculaire au côté [AC]. On dit que la hauteur est **issue** du sommet B ou que [BH] est la **hauteur relative** au côté [AC].

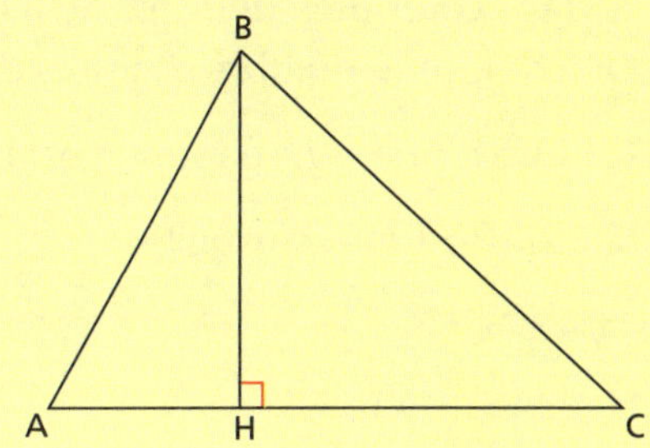

- L'**aire d'un triangle** est égale au demi-produit de la longueur d'un de ses côtés par la longueur de la hauteur relative à ce côté.

$$\text{Aire} = \frac{\text{base} \times \text{hauteur}}{2}$$

Exemple Pour le triangle ABC :

$$\text{Aire ABC} = \frac{BC \times AH}{2} = \frac{AC \times BK}{2} = \frac{AB \times CL}{2}.$$

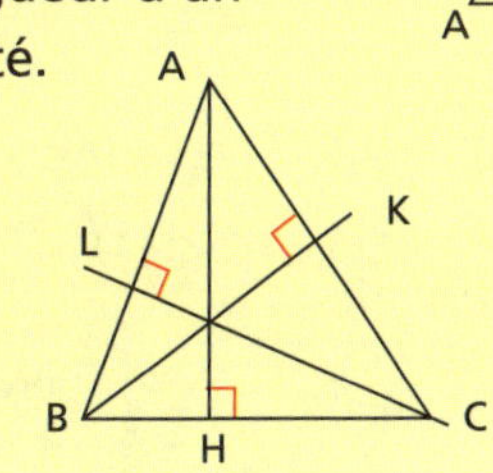

Je m'entraîne

1 ★ **Dans le triangle SKI, construis la hauteur issue de S.**

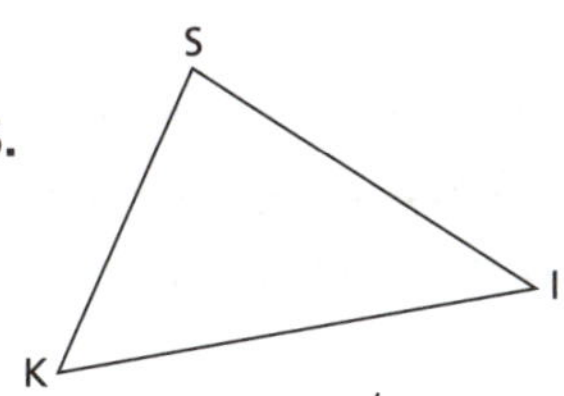

2 ★ **Construis le triangle ABC sachant que la droite (D) est la hauteur issue de A et que BC = 4 cm.**

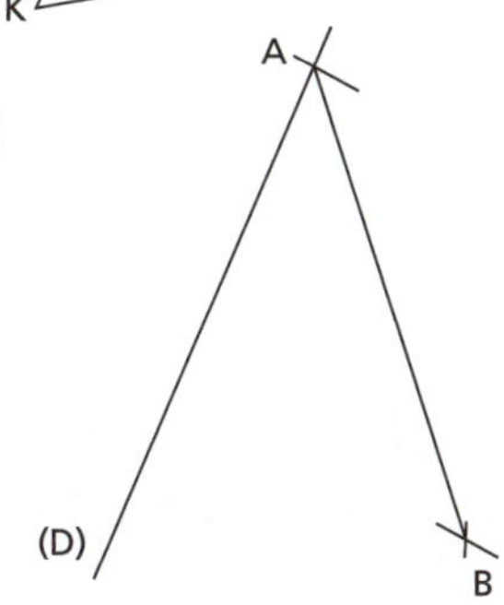

3 ★★ ABC est un triangle tel que BC = 70 cm et la hauteur issue de A mesure 45 cm.
P est un point du segment [BC] tel que BP = 20 cm.
Calcule l'aire du triangle APB, puis celle du triangle APC.

....

....

4 ★★ Un terrain triangulaire a une superficie de 4 592 m². Un de ses côtés mesure 112 m.
Calcule la hauteur relative à ce côté.

....

....

5 ★★★ [Dans la figure ci-dessous, AB = 2 cm.
Les huit triangles sont superposables.
Calcule l'aire de la figure rose.

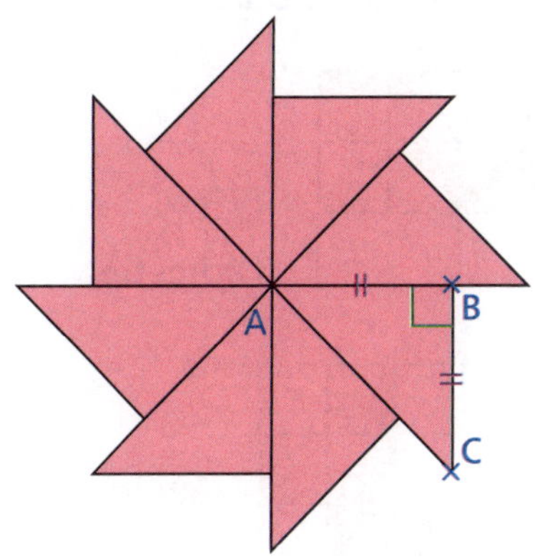

....

....

....

....

....

....

....

....

....

Auto évaluation — Très bien ☐ Bien ☐ Pas assez bien ☐

55 L'aire d'une figure

→ Corrigés p.XII

J'observe et je retiens

Exemple Si l'unité d'aire *u* est l'aire d'un carreau du quadrillage, alors la surface coloriée a une aire de 6 *u*.
On compte le nombre d'unités d'aire qui composent la surface.

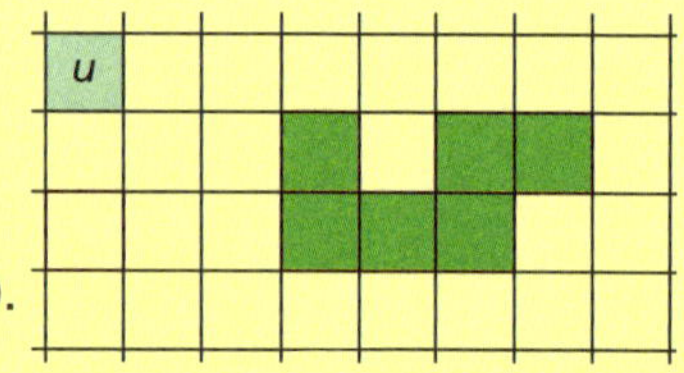

■ L'**aire** d'une figure fermée est la **mesure de sa surface** (exprimée en unités d'aire).

■ **Cas des figures usuelles**

Rectangle	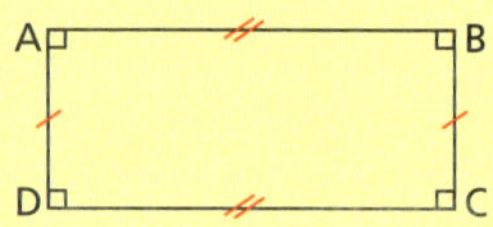	Aire = longueur × largeur. Aire ABCD = AB × BC (ou DC × AD).
Carré	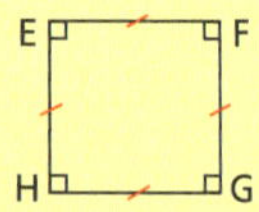	Aire = côté × côté. Aire EFGH = EF × FG (ou EF × EF).
Triangle rectangle	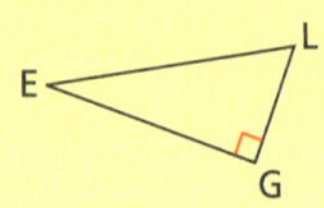	L'aire est le demi-produit des longueurs des côtés perpendiculaires. Aire = $\frac{GE \times GL}{2}$.

Je m'entraîne

1 ★ **a. Donne l'aire et le périmètre de chacune des deux figures. 1 carreau = 1 cm.**

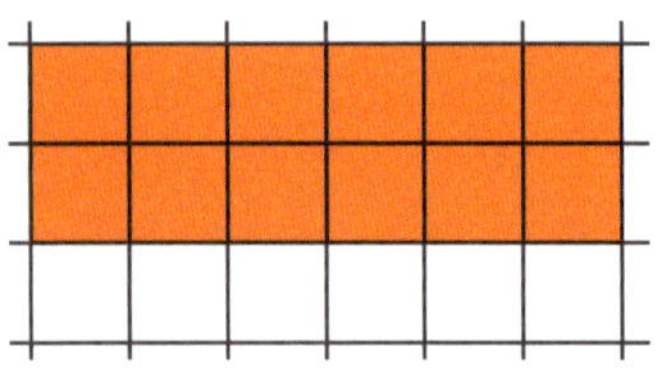

Aire = ...

Périmètre = ...

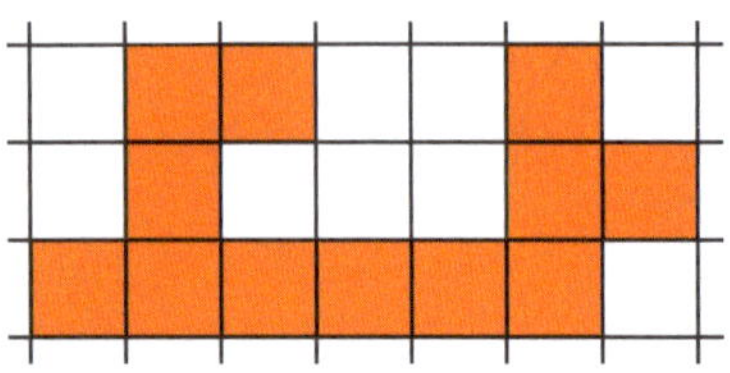

Aire = ...

Périmètre = ...

b. Que remarques-tu ? ....

....

2 ★★ **Un rectangle a une longueur de 7 cm. Son périmètre est de 24 cm.**

a. Calcule la largeur du rectangle. ....

....

b. Calcule son aire. ....

....

3 ★★ **Un carré a un périmètre de 22 cm. Quelle est son aire ?**

....

....

....

....

4 ★★ **a.** On veut peindre un mur de 4,5 m de long et 2,6 m de haut. **Quelle est l'aire de ce mur ?**

....

....

....

....

b. On applique deux couches de peinture. Un pot permet de peindre 9 m^2. **Combien faut-il acheter de pots de peinture pour peindre ce mur ?**

....

....

....

Auto évaluation Très bien ☐ Bien ☐ Pas assez bien ☐

56 L'aire d'un disque

→ Corrigés p.XII

J'observe et je retiens

■ L'**aire d'un disque de centre** O et de rayon r est égale au produit du nombre π et du carré du rayon r.
Autrement dit : **aire = $\pi \times r^2$.**

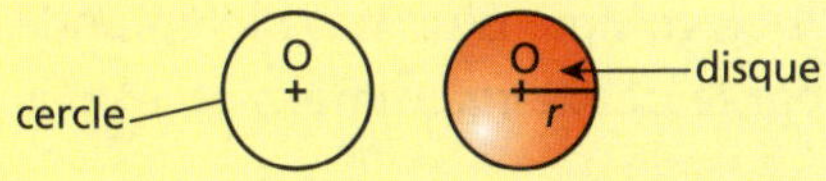

• Pi, noté π, n'est pas un nombre décimal. Sa valeur exacte est π. Sa valeur arrondie au centième est 3,14.

Je m'entraîne

1 ★ **Complète le tableau.**

Diamètre	60 m					55 km
Rayon		0,25 m		130 m		
Aire exacte			900 π m²		625 π cm²	
Aire arrondie au centième	m²	m²	m²	m²	cm²	km²

2 ★ **Reproduis la figure ci-dessous sur une feuille et calcule l'aire de la partie blanche.
Le bord extérieur est un carré de côté 5 cm.**

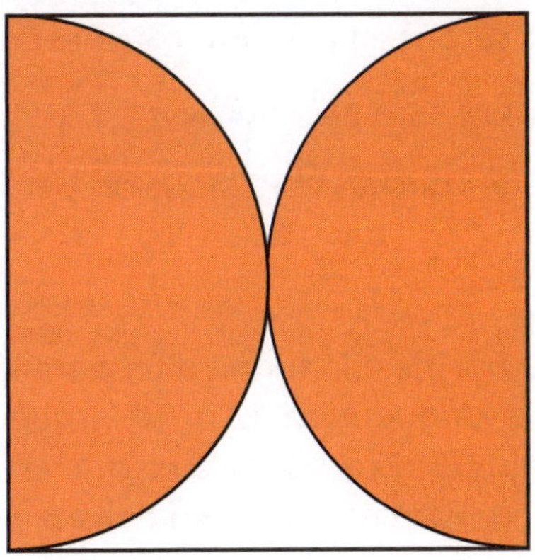

....

....

3 ★★ **Dans cette figure, calcule l'aire de la partie verte.**

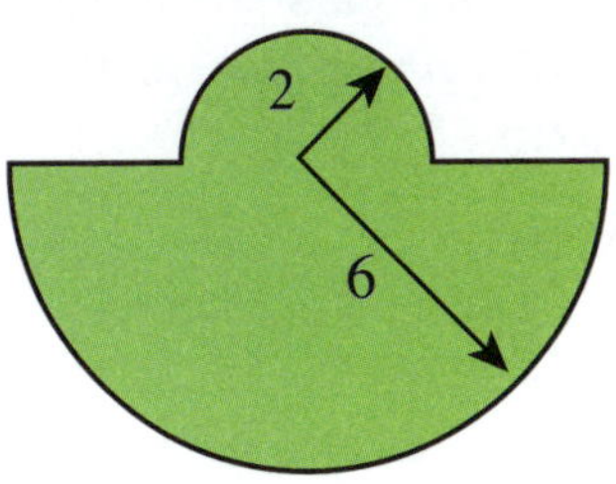

....

....

4 ★★★ On veut réaliser une mosaïque à l'entrée du collège. Le centre du motif est peint en rouge. Le contour est un carré de côté 4 m.
Quelle est l'aire de la partie en rouge ? On donnera la valeur exacte de l'aire en m², puis la valeur arrondie au centième en m².

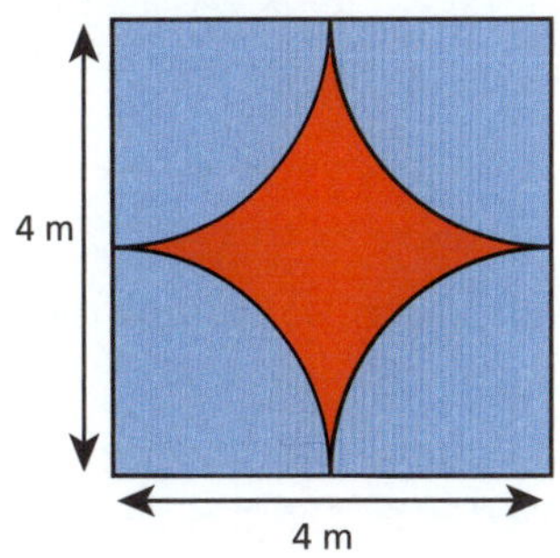

....

....

5 ★★★ **Calcule l'aire en cm² de la partie orange de la figure.**

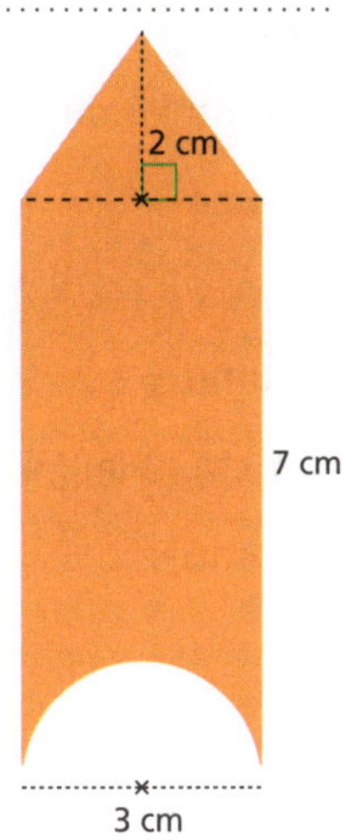

....

....

....

....

....

....

Auto évaluation Très bien ☐ Bien ☐ Pas assez bien ☐

57 Les parallélépipèdes rectangles : volume

→ Corrigés p.XII

J'observe et je retiens

■ Le volume d'un **parallélépipède** est égal au produit de la première dimension par la deuxième dimension et par la troisième.

volume = longueur × largeur × hauteur

ou encore

volume = aire de base rectangulaire × hauteur

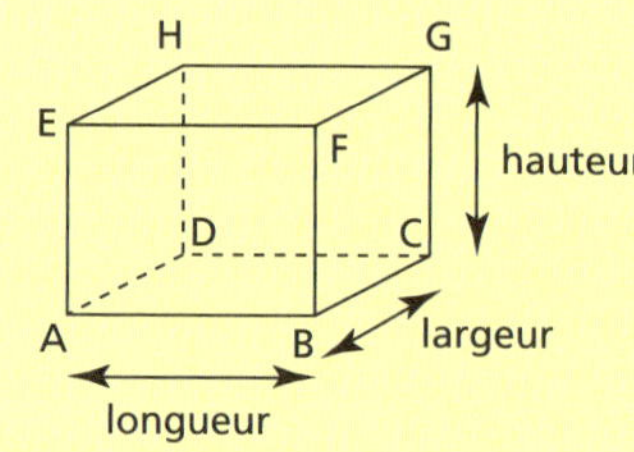

■ Le volume d'un **cube** est égal au cube de la longueur de son arête.

volume = arête × arête × arête

Je m'entraîne

1 ★ L'unité de volume étant le cube ci-contre, quel est le volume de ce solide ?

Astuce
Dans chaque colonne, les cubes identiques sont empilés depuis le bas.

Le volume du solide est .... unités de volume.

2 ★ Calcule le volume de chacun des parallélépipèdes rectangles (les trois longueurs des arêtes sont données).

a. 7 cm ; 6 cm ; 4 cm.

Volume = ... × .... × .... = ...

b. 3 dm ; 8 dm ; 2 dm.

Volume = ... × .... × .... = ...

c. 1 m ; 3 m ; 9 m.

Volume = ... × .... × .... = ...

d. 2 cm ; 5 m ; 4 dm.

Volume = ... × .... × .... = ...

3 ★ Une boîte a la forme d'un parallélépipède rectangle. Sa base a pour dimensions 4 cm et 6 cm, sa hauteur est de 5 cm.

a. Combien de cubes d'arêtes de longueur 1 cm peut-on ranger dans cette boîte ? ....

b. Les cubes seront empilés par couche. Combien de cubes disposera-t-on par couche ? ....

c. Combien de couches empilera-t-on pour remplir la boîte ? ....

4 ★★ Une piscine a la forme d'un parallélépipède rectangle. Sa longueur est 12 m, sa largeur est 4,5 m. La hauteur d'eau dans la piscine est 1,5 m. **Calcule le volume d'eau contenu dans la piscine en m^3 et en L.**

....

....

....

5 ★★★ Un aquarium parallélépipédique de contenance 140 L a une base rectangulaire de 80 cm sur 35 cm.

a. Calcule sa hauteur.

....

b. On l'a rempli aux quatre-cinquièmes de sa contenance. Calcule la hauteur de l'eau contenue dans l'aquarium et son volume.

....

Auto évaluation   Très bien ☐   Bien ☐   Pas assez bien ☐